エッセイとデジタル着彩でよみがえる有名艦たち

世界の銘艦 ヒストリア 2

白石 光 著
大日本絵画

History of
world famous ships 2
Famous ships revived
with the digital coloring and essays

世界の銘艦ヒストリア 2
History of world famous ships 2
CONTENTS

第1部 戦艦編

8 日本海軍 長門型戦艦

12 アメリカ海軍 戦艦 ウェストヴァージニア

16 アメリカ海軍 戦艦 サウスダコタ

20 イギリス海軍 巡洋戦艦 レナウン

24 イギリス海軍 巡洋戦艦 レパルス

24 イギリス海軍 戦艦 プリンス・オブ・ウェールズ

第2部 航空母艦編

32 日本海軍 航空母艦 加賀

36 アメリカ海軍 ヨークタウン級 航空母艦

40 アメリカ海軍 エセックス級 航空母艦

44 アメリカ海軍 カサブランカ級 航空母艦

48
アメリカ海軍
ミッドウェー級
航空母艦

74
アメリカ海軍
潜水艦
ホランド

第3部 歴史艦編

54
清海軍
定遠級
装甲
コルヴェット

78
ドイツ海軍
巡洋戦艦
ザイドリッツ

58
日本海軍
戦艦
三笠

第4部 その他の艦艇編

84
アメリカ海軍
戦車揚陸艦
（LST）

62
ロシア海軍
戦艦
クニャージ・
スヴォーロフ

88
アメリカ海軍
魚雷艇
PTボート

66
ロシア海軍
戦艦
クニャージ・
ポチョムキン・
タヴリチェスキー

92
イギリス海軍
フラワー級
コルヴェット

70
イギリス海軍
戦艦
ドレッドノート

コラム

「写真の全景」の色調にまつわる話	6
第二次大戦のイギリス軍艦命名法則	30
第二次大戦のアメリカ軍艦命名法則	52
第二次大戦のドイツ軍艦命名法則	82

本文中の武装の単位に関しては原則として建造国のものとしている。代表的なものに関しては以下のとおり。21インチ＝53.3cm、16インチ＝40.6cm、15インチ＝38.1cm、8インチ＝20.3cm、6インチ＝15.2cm、5.25インチ＝13.3cm、5インチ＝12.7cm、4.5インチ＝11.4cm、3インチ7.6cmなど。なおイギリス海軍で使用された2ポンド砲の口径は40mmである。

ごあいさつ

エッセイ・彩色写真解説・彩色監修
白石 光

「ありがとうございます」
　今、本書を手にされてこのページをご覧くださっている皆様に、私がまず申し上げなければならない素直な気持ちです。

【略歴】
東京・お茶の水生まれ。戦史研究家として季刊『NAVY YARD』、季刊『ミリタリークラシックス』、隔月刊『歴史群像』、『世界史人』、月刊『世界の艦船』インターネット情報誌『ベストタイムズ』などに特集記事や連載記事を多数執筆中。映画にも造詣が深く、話題作・最近作では『メンフィスベル』、『イントルーダー怒りの翼』、『アパッチ』、『シン・レッド・ライン』、『ザ・ロック』、『今そこにある危機』、『ブラックホークダウン』、『パールハーバー』、『父親たちの星条旗』、『硫黄島からの手紙』、『ゼロ・ダーク・サーティ』、『アメリカン・スナイパー』、『ミケランジェロ・プロジェクト』、『名探偵コナン・絶海の探偵』、『同・異次元の狙撃手』、『同・業火の向日葵』、『同・ゼロの執行人』、『ハクソー・リッジ』、『ダンケルク』などをはじめ数多くの公式プログラムに執筆。また『第二次世界大戦映画DVDコレクション』シリーズの監修も手掛けた。ミリタリー関連の主な著書には『真珠湾奇襲1941.12.8』（監修：大日本絵画）、『世界の銘艦ヒストリア』（大日本絵画）、『第二次大戦の特殊作戦』、『同・2』、『第一次大戦小火器図鑑』（以上、イカロス出版）、『図解マスター・戦闘機』、『同・戦車』、『同・潜水艦』、『ヒーローたちのGUN図鑑HYPER』、『決定版・世界の最強軍人FILE』、『決定版・世界の特殊部隊100』、『第二次大戦激戦FILE99』（以上、学研プラス）、『第二次世界大戦・世界の戦闘機SELECT100』、『第二次世界大戦・世界の軍艦SELECT100』（以上、笠倉出版社）などがある。観賞魚専門家としては、水族館飼育員、観賞魚輸入会社生体管理係、観賞魚店販売員を経て観賞魚専門月刊誌『フィッシュマガジン』編集部勤務。在職中、観賞魚業界の現場を一人ですべて経験した実績を買われ、同誌編集長を歴代編集長中最長の15年間務める。その間、並行して『国際観賞魚専門学院』の学院長を兼務。TV出演多数。観賞魚関連書籍も多数執筆。現在、アクアホビー・プランナーとして活動中。

　2017年6月に前作の『世界の銘艦ヒストリア』を上梓した際、このページと同じ「ごあいさつ」の文末に
『ところで、実は本書に掲載した艦は連載時の約半分にしかすぎません。まだ、これに倍する彩色写真と本文が眠っているのです。もし、本書が皆様からご好評を得ることができれば、第2弾としての発行もまた……』
　という文言を記させていただきました。私のこのわがままな願いがこうして叶ったのは、ひとえに、皆様のお力添えの賜物です。

　私は母親によく「物書き恥かき」とイジられます。これは、「物を書く」と時に「間違い」を記すことがあり、その結果、「恥をかく」ということのようです。前作を世に問うたところ、当然ながら皆様からいろいろなご意見を賜りました。そして、厳しいご意見は真摯な気持ちで感謝を込めて明日の改善のための糧とし、お褒めのご意見はそれに驕ることなく、明日の航路への「推進力」としてありがたく頂

戴いたしました。

しかし、どのようなご意見を賜ったにしろ、結局、私は「物書き恥かき」なのです。その「物書き恥かき」の所産を、こうしてシリーズ2冊目として世に問うことができるのは、皆様からの賜物であり、だからこそ、冒頭に感謝の言葉を綴らせていただいたのです。

また、前作に引き続いて本書の企画にご賛同くださり、素晴らしい出来栄えのモデルを惜しむことなくご提供くださった心優しき辣腕モデラーの皆様にも、この場を借りて深い感謝を述べさせていただきます。

私の思いが、だんだんと「身内」へのものとなって行く点をどうかご容赦ください。今回も、『NAVY YARD』誌編集長後藤恒弘氏が陣頭指揮をされて、本書を世に問える体裁に姿を整えてくださいました。さらに株式会社大日本絵画のご英断なくして、第2弾たる本書が脚光を浴びる機会はなかったといえます。ありがとうございました。

加えて、小林直樹氏にも感謝の言葉を述べねばなりません。実は彼と私は以前、ともに系列の出版社に勤めていたという、言わば同じ「長い灰色の線」に並んだ間柄です。本企画の連載時、担当編集者として直情型のキャラの私の「手綱」ならぬ「舵輪」を上手に握って、「座礁」することなく連載という「航海」を続けさせてくださり、見事なパイロット（水先案内人のほうです！）役をはたしてくれました。陸の武将のたとえではありますが、彼はまさにパットンを御したブラッドレーのごとき存在です。コパーギン、ありがとう！

山下敦史氏。本書に関しては「身内中の身内」です。ゆえに私がここで記すのは、もしかしたら場違いかも知れません。しかし、皆様のお許しを得て一言だけ。いつもながら「神の領域」を魅せてくださってありがとうございました。

さて、同じ連載を纏めた単行本なので、私の執筆方針は前作と同じです。ですが、初見の皆様のために改めまして再度、一応申し添えておきます。

艦船は、軍艦も含めて英語では"She（彼女）"と称されます。そこで私は、本書の初出である『歴史群像』誌の連載記事「銘艦STORY」とその続編たる「銘艦HISTORIA」を執筆するに際し、銘艦という「女性」を語るエッセイなのだと強く意識して綴ってきました。名誉と栄光の生涯を生きた「彼女」、歴史を変えた「彼女」、凡庸ながら皆から求められた「彼女」、そして、碧淵に非業の最期を遂げた「彼女」……。

私の拙いエッセイから、戦（いくさ）の場に身を置いた彼女たちの壮絶なる人生ならぬ艦生を読み取っていただければ、まさに「物書き恥かき」冥利に尽きます。

なお、今回の第2弾刊行に際して連載にはない「長門」、「加賀」、「コンパスローズ」の3隻について特別に書き下ろし、本書をご購入くださった皆様だけの特典として掲載いたしました。

特に「コンパスローズ」は、同じ島国でありながら日本とは違ってシー・レーンの維持と防衛に大きく力を注いだイギリス海軍が、なんとキャッチャーボートを改造して生み出した、船団という「羊の群れ」を守る「海のシープドッグ」たるコルヴェットで、第二次大戦中、数々の逸話や伝説の主人公ともなった艦種です。そしてこの艦名は、ニコラス・モンサラットの名と対で語られるといえば、皆様の多くがピンとこられることでしょう。

「とにかく、ひどく疲れちまったよ」

『非情の海』巻末に記された締めの台詞、主人公のひとりエリクソン中佐の一言が秀逸です。私もかような作品を著せる「物書き恥かき」になりたいと、日々、叶わぬ夢を見ている次第（笑）

で、文末はお約束（笑）です。

「二度あることは三度ある」ではないですが、実はまだ連載記事はそこそこ残っています。なので第3弾が‥‥"You take them"（坊ノ岬沖海戦に際してスプルーアンスからミッチャーに送達された米海軍史上最も短いとされる命令文）になると……いいなァ。

2018年皐月吉日、メトロポリスのスカイラインを臨みつつ

白石　光

彩色スペシャリスト
山下敦史

●主な作品提供先
学研プラス：歴史群像
PHP出版：歴史街道
Elpo:Maritimt Magasin HISTORIE
COA:Naval Sitrep Magazine
CLASSIC WARSHIPS PUBLISHING:Warship Pictorial
英国海事博物館：会報誌
中国中央電視台：Jia wu
ジャカルタ海事博物館:EXHIBITION OF THE BATTLE OF THE JAVA SEA
Extra Publishing: Živá historie
Deagostini Japan: 日本海軍パーフェクトファイル

現在は海外の方が積極的に彩色写真を消費しており、各国の彩色写真家がさまざまなメディアで活躍しています。「カラーリスト」という職能らしいですね。「それは塗り絵じゃろ？」というものもありますが、おおむね品質も高くなかなかのレベル。最近では個性的な作風も認められており次のステージにいった感があります。

彩色写真は原理的にも復元という表現があてはまらないので「誰がやっても同じ」にはならないのが自然。作家の作風にファンがつくという関係も成熟しています。

そのような海外からの仕事の依頼は楽しいものですが、自分へのリクエストは「スーパーリアル」。いちばんめんどくせえじゃんと愚痴りながらやっております（苦笑）

そんな中、白石先生監修のこの本は日本だけで販売するのはもったいない仕上がりになっていると思います。この世界では最先端でしょう、楽しんでいただけると幸いです。

山下敦史

色状雑談2-1
「写真の全景」の色調にまつわる話

「こんなカラー写真が残っていたのか？」と勘違いさせてしまうほど説得力のある彩色写真は本書の見どころのひとつ。CGによるカラー着色はほかでも見ることができるがどこかわざとらしく不自然に感じるものも多い。ここではなぜ本書の写真が自然に見えるのかその手法の一部をご紹介しよう

　前作『世界の銘艦ヒストリア（2017年6月発行）』の6ページに掲載したコラム「モノクロ写真に色を付けるということ」において、デジタル彩色についての概要は記した。そこで今回は、のっけから実務上の悩みについて記してしまう。

　すでにご理解いただいているように、デジタルで彩色した写真を確認するやりとりは、当然ながらメールを介して行う。私は山下さんから送られてきた彩色済みの写真を画面上で確認し、ディレクションを加えるのだが、その時点で、二人の間に微妙な色彩の差が生じることがある。

　どういうことかといえば、実は単純な話。それぞれが画像を見ている画面の調整の違いによって、全く同じデータ内容の彩色写真が、同じ色に見えないという現象のことである。例えば、どれかの色が強調されるせいで、全体のトーンが違って見えてしまうケースなどがその代表例といえよう。

　山下さんのお手元では、どピーカンの昼頃の条件を想定して彩色した作品が、もしも私のほうで赤系がわずかに強調される画面を通して見ると、極端な話が夕焼けになりつつあるような時間帯を再現した作品に見えてしまうということだ。

　これが、ライフラフトの色は戦時には船体色に塗られるのを、うっかり平時の黄色いままにしてしまった（実は時に黄色いままのこともあるのでケース・バイ・ケースの判読が必要な厄介事ではあるのだが）とか、特定のシグナルフラッグの本来は赤でなければいけない部分を、誤って青にしてしまったとかいうエラーなら、確実に「正しい答」へと修正できる。

　だが、特に春夏秋冬の差異や大気が含む不純物の量と質などといった要素が深く関係する、「写真の全景」の色調のごく微妙な違いの調整というのは、ある意味、私と山下さんの二人の間の「阿吽」の呼吸でやっているといってもよい項目といえる。そこでここでは、その典型的な2作品を解題する。

　実はこれには、印刷会社もかかわることが少なくない。印刷機のセッティングによって、本来のデータの色彩よりも写真が全体的に薄かったり濃かったり、あるいは、赤、青、黄、黒のどれかの色が濃すぎたり薄すぎたりといった事態が生じるのだ。だからこそ色校正という作業が行われるのだが、もし山下さんが手がけられ、私がディレクションした彩色データが印刷上で一発完全再現できたなら、色校正が必要なくなるのは当然だ。

（白石）

◀プリンス・オブ・ウェールズ【P26〜27より】
赤道モンスーン地帯のシンガポールにはスコールがある。この写真もスコールの直後に撮られたもので、堤防の上が濡れている。空はセレター地区では完全なオーヴァーキャストだが、水平線側の遠方でスコールを降らせた雲がスパッと途切れている。生じている影から推察した陽の高さだと、このスコール雲を透過した赤道直下の太陽光線は、やや青味を帯びることが多い。シンガポール島とマレー半島の間のジョホール海峡は両方の陸地からの陸水の流入で常に泥色に濁り気味だが、強いスコールの直後は溶出したラテライトを含んだ陸水が一気に流入するので濁りがいっそう濃くなる。

▶エセックス【P40〜41より】
ハンプトンローズは一応湾だが、実際には複数の河川が流入しているので巨大な河口ともいえる。この緯度での雪解けが始まったばかりの2月の比較的清冽な河川水と海水が混ざる水域では、植物性プランクトンの発生が徐々に活発化しつつあり、それに河川水の混合物の影響も重なって、海の色がやや緑を帯びて見える。特にカキがよく生育する海域はこのような傾向が強いが、ハンプトンローズからの水が流入するチェサピーク湾は、カキの名産地である。

8
日本海軍
長門型戦艦
Nagato-class Battleship

12
アメリカ海軍戦艦
ウェストヴァージニア
Battleship USS West Virginia

16
アメリカ海軍戦艦
サウスダコタ
Battleship USS South Dakota

20
イギリス海軍巡洋戦艦
レナウン
Battlecruiser HMS Renown

24
イギリス海軍巡洋戦艦
レパルス
Battlecruiser HMS Repulse
イギリス海軍戦艦
プリンス・オブ・ウェールズ
Battleship HMS Prince of Wales

第1部
戦艦編

連合艦隊旗艦を長らく務め、終戦時に唯一行動可能だった超弩級戦艦

長門型戦艦
Nagato-class Battleship

「陸奥と長門は日本の誇り」とカルタにも歌われ戦前の日本でもっとも親しまれたのは「長門」型戦艦の2隻だった。八八艦隊の最初のタイプとして設計された「長門」は大戦間に近代化改装を受け、太平洋戦争開戦時の連合艦隊旗艦を務めている。ここでは「長門」型戦艦建造の経緯と太平洋戦争における活動について紹介しよう

1944年10月21日、捷一号作戦で出撃前の給油のためボルネオ島のブルネイ泊地に停泊中の「長門」。このとき本艦は、「大和」を旗艦とする宇垣纏提督（中将）率いる第1戦隊（第1遊撃部隊第1部隊所属）に「武蔵」とともに属していた。同作戦によってこの後に招来されたレイテ沖海戦では、10月25日に戦われたサマール沖海戦で勇戦している。艦橋頂部前方には方位測定ループアンテナが立ち、その後ろの主砲用94式方位盤照準装置のさらに後方には、2号1型電探のアンテナが見える。また、3番砲塔前のカタパルト甲板に設けられたカタパルト上には、優秀機として知られ、アメリカ軍から"ピーター"のコードネームで呼ばれた零式観測機が載せられている。さすがにアメリカやイギリス、そしてドイツのいわゆる新戦艦の上部構造物に比べると、本艦のそれは旧式感が否めない。

■「世界のビッグ7」に数えられた長門型

　1907年度の帝国国防方針でその萌芽が見られた日本海軍の悲願、88艦隊計画。最終的に戦艦8隻、巡洋戦艦8隻を整備することが目標とされたが、その過程の1916年度に、前案となっていた84艦隊案のうちの戦艦1隻、翌1917年度には、同じく戦艦3隻と巡洋戦艦2隻の建造がそれぞれ承認された

　この1916年度に承認された戦艦こそ、88艦隊計画の1隻目の戦艦となるネームシップ、「長門」で、翌17年度に承認された3隻のうちの1隻が、「長門」型2番艦の「陸奥」である。

　「長門」は1917年8月28日、呉海軍工廠で起工された。そして1919年11月9日に進水し、1920年11月25日に竣工。艦内神社は住吉神社から分祀された「長門」神社であった。

　一方、「陸奥」は1918年6月1日、横須賀海軍工廠で起工された。進水は1920年5月31日で、竣工は書類上は1921年10月24日とされるが、実際には11月22日であった。艦内神社は分祀された岩木山神社だった。

　竣工当時の「長門」型は、世界最大口径の41cm砲連装砲塔4基計8門を装備。さらに速力にかんしても、最大速力約26.5ノットという、当時の巡洋戦艦並みの快速を誇った。だが、ワシントン海軍軍縮条約において、「陸奥」を存続させるか廃艦にするかの議論が生じてしまう。というのも、同条約において主力艦の保有比率がアメリカとイギリスがともに5、日本が3とされ、会議開催までに完成していない艦は廃艦にすることとなり、その中に「陸奥」が含まれていたのだ。

　これに対して、日本は実際には未成だ

長門型戦艦

要目	長門（1934年）
基準排水量	3万9130トン
全長	224.94m
全幅	32.46m
出力	8万2000hp
速力	25ノット
航続距離	1万600nm/16ノット
兵装	45口径41cm連装砲×4
	50口径14cm単装砲×18
	40口径12.7cm連装高角砲×4
	40口径7.6cm単装高角砲×4
	25mm連装機銃×10

ったにもかかわらず「陸奥」はすでに完成していると申告。結局この主張は認められたが、その結果、ワシントン軍縮条約における戦艦の主砲の最大口径となる16インチ砲を搭載しているのはアメリカの「メリーランド」と日本の「長門」、「陸奥」の3隻だけということになった。そこで戦艦の保有比率の是正という観点から、アメリカは、「メリーランド」と同型で、建造途中だった「コロラド」と「ウェストヴァージニア」の2隻の完成と就役を認められた。また、イギリスは16インチ砲搭載戦艦2隻の新造を承認されたが、これがのちに「ネルソン」と「ロドニー」として就役することになる。

ちなみに、かような事情からネーヴァル・ホリデーの期間中、16インチ砲を搭載したアメリカ3隻、イギリス2隻、日本2隻の戦艦は、全世界にこの7隻だけしか存在しないことから「世界のビッグ・セブン」と称されたりもした。またこういった経緯から、厳密には16インチをわずかに超えている「長門」型の主砲に対して、意図的に41cmではなく40cmという刻印が施された。さらに最大速力も秘匿するため、表向きはビッグ・セブンと同格の23ノットと公表された。

1923年9月1日、帝都を中心とする関東方面を大震災が襲い、国家中枢たる東京が大被害に見舞われた。関東大震災である。

この時、「長門」は連合艦隊旗艦として司令長官竹下勇提督（大将）の将旗を翻して演習の最中だったが、急遽これを中断。救援用の物資を積み込んで一路関東方面へと向かった。

当然、「長門」は最大速力に近い高速で帝都を目指していたが、後方から追いすがる艦影が確認された。それは何とイギリス海軍の「ダナイー」級軽巡洋艦「ディスパッチ」であった。同級の最大速力は29ノットで「長門」よりも速い。ゆえに実際の最大速力を計測されてはまずいので「長門」は急激に減速。すると「ディスパッチ」は竹下連合艦隊司令長官に礼砲を放ってから「長門」を追い越して行ったが、早めに減速したため「長門」の本当の速力には気付かれずに済んだという。

■航空主兵主義に奪われた出番

日本海軍最新の戦艦である「長門」型は、当然ながら正式に連合艦隊旗艦という重要任務に就いた。1938年12月15日のことである。以降、必要に応じて短期間だけ同型妹艦の「陸奥」に将旗を移すこともあった。しかし、より大きく新しいうえに旗艦設備も充実した「大和」の完成にともなって、1942年2月12日、連合艦隊旗艦を同艦に譲っている。

太平洋戦争開戦時、「長門」と「陸奥」は日本海軍が誇る最強の戦艦として全国民に認知されていた。というのも、世界最大の船体規模と主砲口径で世界最強を誇る最新の「大和」型戦艦についての一切の情報は、公には日本国民に示されて

◀1920年9月30日、竣工直前の公試中の「長門」。ふたつの煙突からの煤煙がたなびく。就役直後にこの煤煙が艦橋にかかり視界を遮るということが問題となった。この対策として前部煙突にキャップ状の覆いをつけたがあまり効果はなく、1927年の改装で屈曲煙突としてようやく解決を見た。この時期の「長門」の舷側には防雷網展張用の桁が見られるがこれは就役直後に撤去されている

いなかったからだ。

就役後、何度かの改修を受けた「長門」型だったが、主砲の射撃演習では常に高い命中精度が記録され、しかもそれは、射距離の遠近によってさほど変動するものではなかった。これはとりも直さず、極論すれば「主砲の射撃用プラットフォーム」にしか過ぎない戦艦に求められる最重要の要件、つまり、搭載した口径の艦砲に対して常に安定した射撃環境を提供できるか否か、という点を同型が達成しているという証左であった。

戦間期の日本海軍は、艦砲も魚雷も艦上機もすべて、敵のそれらが届かない遠距離からこちらが一方的に叩くという、いわば相手よりも長いリーチを駆使して一方的に殴りつけるアウトレンジ戦法を最重視していたが、「長門」型の主砲の命中精度の高さは、この戦法の趣旨に合致するものだった。

日本は、1941年12月8日のパールハーバー奇襲作戦「Z」をもって太平洋戦争の火蓋を切った。ところが、同作戦に加えて同時期に戦われたマレー沖海戦の戦訓により、戦間期に予想されていた以上に、洋上戦力としての航空機の威力が高いことが判明した。

そのため、従来は主流だった大艦巨砲主義は航空主兵主義の前に完全に陳腐化。戦艦に代わって空母が海戦の主力となり、戦艦は、空母を中心とした機動部隊において、要となる貴重な空母を直掩したり、その巨砲をもって両用戦における上陸支援射撃を行うぐらいしか役割の

ない、「脇役」に成り下がってしまった。

そのため開戦後の「長門」型は、無聊の日々を送っていた。この背景には、何とも不可思議な日本海軍の戦艦温存主義も大きく影響していたようだ。新型の「大和」型や「長門」型を温存する一方で、何度もの改修が加えられたとはいえ旧式な「金剛」型はソロモンの激闘に投入され、相応の戦果も得たものの、姉妹艦4隻中2隻「比叡」と「霧島」が失われた。

だが、旧式とはいえ「金剛」型は高速の空母機動部隊と共に行動可能な高速戦艦であり、空母の直掩艦としての役割をはたすことが可能だが、中速戦艦の「大和」型も「長門」型もこの役割には不向きだ。つまり用兵上の重要性よりも、「新しいから出し惜しみしよう」という結果となっていたようだ。

もちろん、彼我が錯綜するソロモン海域の戦闘では、戦場への進入と離脱をより素早く行える高速戦艦が有利なのは当然のことだが、艦齢の長短を重視するよりも「使える局面が多いか少ないか」を重視した選択をするなら、"アイアンボトム・サウンド"に放り込まれるべきは、空母の直掩にも使える高速の「金剛」型に次いで足は速いものの、所詮は中速戦艦の域を出ない「長門」型だったのではないか。

■それぞれに無念の最期を遂げた二姉妹

そうこうしているうちの1943年6月8日、柱島泊地で無聊を託っていた「陸奥」が謎の爆沈を遂げた。戦わずして失われたの

である。それも多数の死傷者を出して。

この日、「妹」の「陸奥」は「姉」の「長門」に旗艦ブイを譲ることになっており、「陸奥」の至近に「長門」が来たところで、後部2砲塔の付近で突然爆煙が噴き上がり、大爆発が起きた。この爆発で巨大な3番砲塔が「陸奥」の艦橋と同じぐらいの高さまで吹き飛び、4番砲塔の後方で船体が二つに折れ、前部は急速に沈没。だが後部は爆発後4時間ほど浮いており、救助作業が行われた。

爆発時の「陸奥」には約1500名が乗艦していたが、生存者はわずかに353名。そのほとんどが甲板作業に従事していた下士官や兵だった。この謎の爆沈について、事故説のみならずサボタージュ説なども唱えられたが、今日でも真相は藪の中である。そして、事故による無為の喪失を国民に隠蔽するため、同年6月17日、姉艦の「長門」は、「陸奥」の生存者をトラック島泊地に輸送すべく柱島を発った。

内地に残っていたため「柱島艦隊」と嘲られていたうちの1隻、「陸奥」が失われたあと、「長門」はやっと出陣の機会を得た。1944年6月19日のマリアナ沖海戦に参加したのだ。だが、史実のごとく同海戦は日本の完全な負け戦に終わった。

続いての出陣は、1944年10月に戦われた名高いレイテ沖海戦である。これに含まれたサマール沖海戦において、「長門」はその主砲で護衛空母「ガンビアベイ」他、駆逐艦数隻を撃沈したともいわれるが、この撃沈劇には複数の艦が関与しているため、「長門」単艦による戦果

長門型戦艦

と確定することはできない。

さて、不沈戦艦と謳われた「武蔵」さえ戦没したレイテ沖海戦から生還した「長門」は、横須賀で警備艦として終戦を迎えた。その間、アメリカ艦上機による何度かの空襲に晒されたが、損傷はごく軽微なものだった。ゆえに戦後、捕鯨を再開するに際して大洋漁業が第二復員省に船舶の借用を求めたところ、第一候補として「長門」が提示された。

その理由は、「長門」の損傷が軽微だったという点に加えて、民間に貸与することで連合国の接収を免れ、敗戦処理の後に戦艦1隻を日本の手元に残せるのではないかとの思惑もあったのでは、と推察されている。しかし大洋漁業側は、捕獲したクジラを船上に引き上げられるよう、捕鯨母船のように艦尾にスリップウェイを備えた第一号型輸送艦がお目当てであり、結局、残存していた同型艦が貸与された。

「長門」はアメリカ側に徹底的に調査されたが、それが終わると処分されることが決まった。終戦時に残存していた日本海軍艦艇の多くは海没処分に付されたが、なんと「長門」は原爆実験に供されることになった。アメリカは原爆の海洋爆発実験「クロスロード」作戦を起案。これに際し、「長門」を被爆実験艦とするため、アメリカ海軍のW.J.ホイップル大佐を艦長とする同海軍将兵180名が乗り組んで、1946年3月18日にマーシャル諸島ビキニ環礁へと向かった。「長門」にとっては、まさに死出の船出であった。「クロスロード」作戦における最初の核爆発実験で、人類史上4番目となる原爆の爆発は1946年7月1日だった。第393爆撃中隊（超重爆）の所属で、シルヴァープレートの秘匿名称で呼ばれた原爆搭載改造を施されたボーイングB29スーパーフォートレス"デイヴズ・ドリーム"号が、核出力23キロトンのMk.III原爆"ギルダ"を投下。空中で爆発させる実験のABLEが実施されたのだ。同機はかつて"ビッグスティング"号のニックネームで、1945年8月9日、同じMk.IIIの"ファットマン"が長崎に投下された際に撮影機として参加。戦後、訓練中の事故で1946年3月7日に殉職した爆撃手デヴィッド・センプル大尉を偲んでニックネームが"デイヴズ・ドリーム"号に変更されたのであった。

だが、戦前に誕生し、すでに「滅びの詩」の最終楽章を奏でていた戦艦という名の恐竜の数少ない生き残りたる「長門」は、この新時代の幕開けを告げる「ゼロの暁」の地獄の業火に耐えた。

同月25日、今度は浅海での核爆発実験であるBAKERが実施された。これは、LSM60から水深27mに吊り下げられたMk.III"ヘレン・オブ・ビキニ"を爆発させたもので、当然ながら人類史上5番目の核爆発となった。「長門」はBAKERのあとも浮かんでいたが、28日深夜から29日未明にかけてついに沈没。

日本を敗戦に追い込んだのと同じ新時代を象徴する兵器は、かつて日本海軍が誇った二姉妹の「姉」をも、南溟の碧淵へと葬ったのであった。

長門 1920年 竣工時
日本海軍戦艦長門
青島文化教材社1/700
インジェクションプラスチックキット
製作／山下郁夫

長門 1927年第一次改装時
日本海軍戦艦長門
青島文化教材社1/700
インジェクションプラスチックキット
製作／Takumi明春

長門 1941年 開戦時
日本海軍戦艦長門
青島文化教材社1/700
インジェクションプラスチックキット
製作／細田勝久

◀写真上は新造時の「長門」。41cm連装砲塔を船体前後に2基ずつ配置したレイアウトはイギリス海軍の「クィーン・エリザベス」級に似たもので、実際に「長門」の設計にヴィッカース社から高速戦艦の売り込みもあった。日本独自のアイデアでこれまでの三脚式マストに変わって七脚式が採用された。また艦首もやはり日本海軍独自のスプーンバウを採用していた。

中段の写真は1926年ごろのもの。「長門」型は1924年に煙突を改修し、いわゆる屈曲煙突状態となった。「長門」は就役時から煙突から排出される煤煙が問題となった。通常、煤煙は航走時は後ろ側に流れるが「長門」の場合は煙突が艦橋に近く、さらにこれまでの戦艦よりも高速だったため艦橋のすぐ後ろの部分に空気が吸い込まれるように逆流してしまったのだ。この問題は深刻ですぐに第1煙突の先端にキャップ状のカバーを付けるなど対策が取られたが効果はなかった。そのため第1煙突を後方に向けて大きく曲げるいわゆる「屈曲煙突」へと改装された。シンプルなアイデアだったがこれは大成功で煤煙問題はおおむね解決した。ちなみによく似た船型のイギリスの「クィーン・エリザベス」級も同様の煤煙逆流問題に悩まされており第1煙突を屈曲煙突として第2煙突と連結する改装がのちに実施されている。また試験的に設置された航空艤装も3番砲塔の前に搭載されている。この前後に対空火器の増強や探照灯の換装、測距儀の更新などの小規模な改装が毎年のように実施されている。

一番下の写真は太平洋戦争開戦時のもの。1934～36年の大改装で長門型戦艦のその姿が一変した。船体形状だけを見ても凌波性向上のための艦首の改正、艦尾の延長、バルジの増設などが実施されている。とりわけ大きかったのが防御力の強化と主砲の交換（軍縮条約で廃棄された加賀型戦艦のものを流用）、機関の改正などで、これらの改装を実施した結果、排水量は8000トンも増大した。これは軍縮条約で定められた主力艦の排水量増大上限の3000トンを大きく超えるものだったが、改装終了が軍縮条約脱退後になる見込みから許容された。

大規模な改装により新戦艦を上回る防御力を手に入れた「復讐者」

戦艦ウェストヴァージニア
Battleship USS West Virginia

1941年12月、日本海軍のパールハーバー奇襲攻撃ではじまった太平洋戦争。同地に停泊していたアメリカ戦艦部隊は壊滅的打撃を受け、日本海軍は緒戦時の戦略目標を達成した。しかし1943年から44年にかけて損傷を修理し近代化改装を受けた戦艦部隊は次々と復帰し日本海軍に対する復讐の戦列に加わる。ここではアメリカ戦艦部隊の中でももっとも大規模な改装が実施された"ビッグセブン"の1艦、「ウェストヴァージニア」の歴史を振り返ろう

■出生の源はダニエルズ・プラン

今日では戦術兵器としても戦略兵器としても最強と目されている航空機が、まだヨチヨチ歩きだった20世紀初頭のこと。国家のプレゼンスを象徴したのは、空軍ではなく海軍であり、戦略爆撃機の大編隊ではなく戦艦の大艦隊であった。

当時のアメリカ海軍は、イギリスやドイツなどヨーロッパ列強の海軍に対し、艦艇の隻数では迫るものがあったが運用面や性能面で遅れをとっており、それは戦艦にもいえることだった。例えば、第一次大戦への参戦でアメリカ大西洋艦隊の第9戦艦部隊がイギリス第6戦艦戦隊と改名され、グランドフリートの指揮下に臨時に送り込まれた際、グランドフリート司令長官デヴィッド・ビーティー提督（大将）は、性能的劣悪と練度不足を理由に、アメリカ戦艦部隊を大艦隊と伍して運用するのは困難であると厳しく指摘している。

こういった問題点も露呈したが、第一次大戦前のアメリカは、日本、ドイツ、イギリスといった仮想敵国に対し、太平洋と大西洋の制海権を同時に確保するという目的を達成するだけでなく、特に日本には2倍（つまり10割）の優勢を得るため、すでにヨーロッパで第一次大戦が戦われていた1916年、時の海軍長官の名が冠せられた艦隊増強計画ダニエルズ・プランを承認した。同プランでは、156隻もの各種艦艇の建造が予定されており、うち10隻が戦艦であった。嚆矢となるのは、本艦も含まれる「コロラド」級4隻で、これに「サウスダコタ」級6隻が続く。

だが、1917年の第一次大戦への参戦にともない、Uボートを駆使するドイツの通商破壊戦に対処すべく駆逐艦など補

戦艦ウェストヴァージニア

要目	ウェストヴァージニア（1945年）
基準排水量	3万5000トン
全長	190.2m
全幅	34.74m
出力	2万6800hp
速力	20.5ノット
航続距離	1万2100nm/15ノット
兵装	45口径16インチ連装砲×4
	38口径5インチ連装両用砲×8
	40㎜四連装機関砲×10
	20㎜単装機銃×64

ワシントン州のピュージェットサウンド海軍工廠における損傷修理と大改修を終えて出渠したウェストヴァージニア。前後の籠型マストは撤去されて煙突も1本化、艦橋の形状もネーヴァル・ホリデー後に登場したアメリカのいわゆる新戦艦と類似のものとなり、艦容に戦前の本艦の面影は全くない。1941年12月7日の日本軍によるパールハーバー奇襲で沈没し、サルヴェージのうえ復旧された一連の戦艦群は「復讐戦艦」と称されることもあるが、本艦もそのうちの1隻である。1944年7月2日の撮影で、この2日後の4日、復活後初の機関テストに臨んだが、同日はアメリカ独立記念日だったため、本艦の乗組員たちからは幸運を呼び込むとして歓迎された。施されているカモフラージュ塗装はメージャー32デザインD7。

助艦艇の建造に重点を置いたため、大戦中に起工されたのは唯一、「コロラド」級の2番艦「メリーランド」だけであった。このように、同級は予定通り「世界最強海軍」を目指すダニエルズ・プランのトップ・バッターとはなったが、戦後、建造の遅れを取り戻そうとしていた時期の1921年11月、時の大統領ウォーレン・ハーディングの提唱でワシントン軍縮会議が催され、海軍軍縮条約が締結された。その結果、ダニエルズ・プランで予定されていた戦艦10隻の建造計画は大幅に縮小。「コロラド」級3隻だけの建造が認められ、同級1隻と「サウスダコタ」級6隻全艦が建造中止となった。

■求められた16インチ砲搭載艦

アメリカ最初の超ド級戦艦は、1914年に竣工した「ニューヨーク」級である。以降、「ネヴァダ」「ペンシルヴァニア」「ニューメキシコ」「テネシー」の各級が続き、本艦が含まれる「コロラド」級へと至る。この一連の流れにおいて特筆すべきは、アメリカ戦艦の設計の手堅さだ。

計画の段階では、保守的な試案だけでなく先進的、革新的な試案、さらには奇抜ともいえる試案までが俎上にあげられる。だが実際に建造が始まってみると、前級の欠点や問題点を解消した発展改良型というべき設計となっていることがほとんどであった。

これには、アメリカ海軍の「標準型戦艦」という概念も大きく影響していた。1911年に研究を開始し、翌12年に一応概説がまとめられた「標準型戦艦」とは、結局は艦隊や戦隊としてまとめて運用されることになる、個々の戦艦の性能を標準化するという概念で、射程距離、速力、旋回半径の値の均一化や、ダメージ・コ

13

◀1932年、ニューヨークに到着した戦艦「コロラド」。就役時になかった水上機が三番砲塔と艦尾に搭載されているのがわかる。後部の籠マストが黒く塗られているのは煙突の煤煙対策のため。本級はほぼこのままの姿で太平洋戦争開戦を迎えた

ントロール能力の共通化などが主な内容である。

　この「標準型戦艦」は、1912年に起工された「ネヴァダ」級で具現化された。ちなみに同級は、世界で初めて集中防御方式を導入した戦艦であり、アメリカ海軍で初めて3連装主砲塔を備えた戦艦であった。以降、「ペンシルヴァニア」級から「テネシー」級までは、「標準型戦艦」の概念が適応された14インチ砲搭載艦として就役している。

　「ウエストヴァージニア」が含まれる「コロラド」級もまた、前級の「テネシー」級を踏襲したうえでの小改良型というか、実質的には主砲口径だけが異なる「テネシー」級という設定の「標準型戦艦」として設計された。ところが、「コロラド」級はダニエルズ・プランの嚆矢を担う「期待の戦艦」だったにもかかわらず、建造コストの上昇や他艦との主砲弾の互換性の問題などから、議会の要望で、従前の14インチ砲の搭載が提唱されたりもした。

　だが、世界的に15インチ砲搭載艦が主流になりつつある現状に鑑みて、それを凌駕する16インチ砲搭載艦の早期取得は譲れないと唱える海軍の意向が通った。なお、この決定の背景には、日本海軍が3年式40cm砲（実口径41cm≒16インチ）搭載の「長門」型を建造中という情報が影響を及ぼしたとする通説も唱えられている。

　「コロラド」級は第一次大戦により建造計画が遅延したため、2番艦の「メリーランド」が1921年7月に最初に竣工。そのせいで「メリーランド」級と称されることもある。もし日本が、16インチ砲搭載艦は「長門」だけしか保有しないと決めれば、「コロラド」級は「メリーランド」1隻しか保有が認められなかったので、その場合にはまさしく「メリーランド」級とされていたことだろう。

　だが、日本が「長門」型の2番艦「陸奥」の保有を主張し、これを受けて、アメリカはワシントン条約で決められた比率に従って「コロラド」級2隻の建造を認められた。このような経緯があったため、「メリーランド」の竣工から約2年遅れの1923年8月に、ネームシップの「コロラド」が竣工したのである。

　一方、4番艦「ウエストヴァージニア」は、経済的事情によって「世に出た」艦であった。実は本艦よりも約10か月早い1919年6月に起工されていた3番艦「ワシントン」は、当然ながら建造も進んでいた。ところが「ウエストヴァージニア」を建造中だったニューポート・ニューズ造船所の失業対策として、ニューヨーク造船所で約80パーセントの建造進捗状況にあった「ワシントン」が、廃棄のうえ標的艦として処分されたのである。

　海軍軍縮条約の締結により始まった、いわゆるネーヴァル・ホリデーにおけるアメリカ最後の戦艦として誕生した「ウエストヴァージニア」は、1921年11月19日、大銀行家でポカホンタス燃料会社のオーナーでもあるウエストヴァージニア州の名士アイザック・マンの娘アリスによって命名祝福され進水。1923年12月1日、初代艦長にトーマス・セン大佐を迎えて就役した。

■リベンジャー"WeeVee"の復活

　ネーヴァル・ホリデー期間中、本艦を含むアメリカの「コロラド」級3隻、イギリスの「ネルソン」級2隻、日本の「長門」型2隻は、世界に7隻しかない16インチ砲搭載艦としてビッグ・セブンの愛称で知られたが、アメリカ国内では、前級の「テネシー」級2隻と「コロラド」級を合わせてビッグ・ファイブの愛称でも呼ばれた。

　太平洋戦争の端緒となった1941年12月7日の日本軍によるパールハーバー攻撃時、艦隊では"WeeVee"の愛称で親しまれていた「ウエストヴァージニア」はフォード島南東岸の戦艦泊地、F6の湾内側に停泊し、並列でフォード島側には「テネシー」が停泊していた。そのため左舷側に7本もの魚雷を被雷したう

え、1番煙突前方と第3主砲塔に各1発の爆弾も被爆したが、爆弾はどちらも不発だった。

この攻撃で「ウエストヴァージニア」は沈座着床し、戦死27名、行方不明130名、戦傷52名の人的被害を被っている。片や「テネシー」は「ウエストヴァージニア」が盾となったおかげで魚雷は被雷せず、爆弾2発が命中したが、うち1発は不発だった。

「ウエストヴァージニア」は、損傷が大きすぎて廃艦となった「アリゾナ」と「オクラホマ」に次ぐ大損害を被ったが、転覆せず大火災も起こさなかったので再生可能と判断された。そこで浮揚作業が行われ、1942年5月17日に浮上してパールハーバー海軍工廠の第1乾ドックに入渠。随所に応急修理が施されたのちの1943年5月7日、本格的修理を兼ねた大改修を受けるべく、自力でワシントン州ピュージェットサウンド海軍工廠に向かった。

6月に始まった修理と大改修は徹底したもので、戦前のアメリカ戦艦の特徴だった前後の籠型マストに代えて、ネーヴァル・ホリデー明けに建造された新戦艦「サウスダコタ」級のものに酷似した箱型の下部とタワー型の上部を備える艦橋が設けられた。また、弾薬庫上部、機関室上部、砲塔上面などの装甲が強化され、浮力増大と水中防御強化を兼ねた2層式バルジも装着。主砲射撃方位盤もMk.8射撃管制レーダー付きの新型Mk.34に換装。高角砲射撃管制盤にはMk.12/22射撃管制レーダー付きのMk.37が装備され、そのほかにも最新のレーダー各種が備えられた。

1944年7月4日アメリカ独立記念日の昼過ぎ、「最新」へのバージョンアップが完了した「旧式」戦艦「ウエストヴァージニア」は、最初の公試に臨んだ。そして新規の乗組員の訓練を終えた9月24日、懐かしのパールハーバーに向けて抜錨。ついに戦列への復帰をはたしたのである。なお、本艦のごとくパールハーバーで損害を被り、それを修復してカムバックした戦艦群は、"Revengers（「復讐者たち」の意）"の渾名で呼ばれることもあった。

「マッカーサーの海軍」の通称で有名な第7艦隊に配属された「ウエストヴァージニア」は、1944年10月17日に始まったレイテ島攻略作戦「キングII」で支援砲撃任務に従事。そして25日未明、スリガオ海峡突破を試みる西村艦隊の迎撃に加わり、同艦隊を見事に屠った。その後も"WeeVee"はリンガエン湾上陸、硫黄島と沖縄の攻略戦に参加して支援砲撃を実施。"Revengers"の1艦として存分の働きを示した。

太平洋戦争終結に際しては、1945年9月2日に東京湾上で挙行された降伏文書調印式に参加。1947年1月9日に退役し太平洋予備役艦隊でモスボール保管されたが、現役に復帰することなく1959年3月1日に除籍。スクラップとなった。

なお、「ウエストヴァージニア」はその生涯において5つのバトル・スターを得ている。

ウェストヴァージニア
1923年 竣工時

本級は新造時より艦尾にカタパルトとクレーンを装備していた。これは圧縮空気を使用するもので改装後は火薬式のものに交換されている。また1925年に3番砲塔上にもカタパルトを追加した

アメリカ海軍戦艦ウェストヴァージニア
ピットロード1/700
インジェクションプラスチックキット
製作／川合勇一

戦前のアメリカ戦艦の特徴である籠マスト。三脚檣などに比べて主砲の爆風などに対して耐久性が高く、損傷しても倒壊しにくいということで採用された。しかし大戦間期には新型の射撃指揮装置などを搭載する余地がないことや重い機材を搭載するには強度も不足するとみなされるようになった

ウェストヴァージニア
1944年 レイテ沖海戦時

パールハーバー攻撃の損傷修理の際に「ウェストヴァージニア」は上部構造物を徹底的に改修されて「ノースカロライナ」級、「サウスダコタ」級にほぼ匹敵するような射撃指揮装置、レーダー装備、対空火器を備えることとなった。同型艦でも損傷の規模が小さかった「コロラド」「メリーランド」は小規模な改装で戦線に復帰している

アメリカ海軍戦艦ウェストヴァージニア
ピットロード1/700
インジェクションプラスチックキット
製作／川合勇一

上部構造物の大規模改装にともない船体の水平、垂直防御力も強化された。船体には巨大なバルジが追加され船体幅は34.75mになった。この結果、本艦はパナマ運河の通過も不可能となったが、大西洋でのドイツ海軍との戦闘はほぼ終了しており問題とされなかった。本艦と同様の改装は「テネシー」「カリフォルニア」にも実施されている

攻撃力、防御力、速力の3要素を高いレベルで兼ね備えた最強の条約型戦艦

戦艦サウスダコタ
Battleship USS South Dakota

アメリカ海軍が建造したいわゆる新戦艦の第2シリーズとも言えるのがここで紹介する「サウスダコタ」級戦艦だった。当初から16インチ砲を搭載しそれに対する対応防御力を備えた本艦は世界最良の条約型戦艦といわれる。大艦巨砲主義から航空主兵主義へと艦隊のあり方が変わる中でも本艦はその価値を失なわず、空母直衛艦として活躍の場を見出した

1943年8月20日、ヴァージニア州のノーフォーク海軍工廠沖に停泊したサウスダコタ。本艦は一時的にイギリス本国艦隊に編入され、同海軍との大西洋における作戦行動を終えて同工廠に入渠。太平洋戦域への回航に向けての小改修を実施した。特に目立つのは、メインマストのトップに設置されたSK対空レーダーのアンテナと、Mk.38主砲射撃方位盤上のMk.3主砲射撃管制レーダーが新型のMk.8に換装されていることだろう。また上部構造物側面中央部に装備されたMk.37高角砲用射撃管制盤のやや下方には、スポンソンを介して40mmボフォース機関砲用のMk.51射撃指揮装置が増設されている。なお塗装は、大西洋派遣時から単色のメージャー21であった。本艦はこの撮影の翌日、21日に太平洋へと旅立っている。

■終焉に向かう大艦巨砲

航空機が未発達だった第一次大戦直後の時期まで、海軍力は国家のプレゼンスそのものであり、主力たる戦艦の性能の良し悪しや保有隻数は、国力の指標と見做されていた。いわゆる大艦巨砲の時代である。しかしその建造と維持には巨額が必要であり、列強は1922年と1930年に海軍軍縮会議を開催。海軍軍縮条約を締結し、国際的な制限を設けて軍事費の削減を図った。だが日本の脱退などにより、結局、同条約は1936年末に失効している。

条約が有効だった14年間は表向きネーヴァル・ホリデーと称されていたが、裏では各国とも「条約明け」を睨んだ新型戦艦などの設計や、既存艦に対する条約で認められた範囲内での改良のための新技術の開発に余念がなかった。

この時期にはまた、航空機の進歩も著しかった。条約締結と相前後する1921〜23年、アメリカ陸軍航空隊のウィリアム"ビリー"ミッチェルは爆撃だけで潜水艦から戦艦までを撃沈する実験に成

戦艦サウスダコタ

要目　サウスダコタ（1945年）
基準排水量　　　　　3万9614トン
全長　　　　　　　　207.26m
全幅　　　　　　　　32.95m
出力　　　　　　　　13万hp
速力　　　　　　　　27ノット
航続距離　　　1万7000nm/15ノット
兵装　　　45口径16インチ三連装砲×3
　　　　　38口径5インチ連装両用砲×8
　　　　　40㎜四連装機関砲×17
　　　　　20㎜単装機銃×76

功。地上兵力（陸軍）や洋上兵力（海軍）のように「縦・横」の二次元ではなく「縦・横・高さ」の三次元を支配する航空兵力（空軍）の優越性を実証した。

だが列強の海軍は、こういった現実を突きつけられても、当時の主流派である大艦巨砲主義者を中心に、表面的には新参の軍種たる空軍（航空兵力）の力を認めようとはしなかった。とはいうものの、早くから洋上における航空兵力の運用に着目し、空母を擁していたアメリカ、イギリス、日本の各海軍には、航空主兵主義を唱える者たちも一部に存在した。特に日本などは、条約の規定によって各種艦艇の保有隻数をアメリカやイギリスよりも少なくされた不利を「海軍傘下の陸上機部隊（陸攻隊）」で補っていたほどである。

■「新戦艦」の概念

こうした背景もあって、条約明けにアメリカとイギリスが着工した戦艦は、旧来の戦艦とは大きく異なる点があり、それゆえ「新戦艦」の通称で呼ばれることも多い。

◀1942年10月26日の南太平洋海戦では就役したばかりの「サウスダコタ」は空母部隊の直衛任務についた。写真右には空母への雷撃後、離脱をを試みる九七式艦上攻撃機が見える。この海戦で「サウスダコタ」は1番砲塔上に250kg爆弾1発の直撃を受けたが、ほぼ無傷でこの海戦を切り抜けた。のちのマリアナ沖海戦でも本艦は空母部隊の直衛につき急降下爆撃機による直撃弾を受けたが航行に支障なくそのまま戦闘を継続している

　まずひとつは高速化である。これは単に技術の進歩にともなう速力の向上のみならず、現場たる艦隊のニーズとも大きくかかわっていた。かつてのような戦艦偏重ではなく、用途別のさまざまな艦種で編成された、いわば「システム艦隊（のちの機動艦隊）」の構成要素のひとつに戦艦も含めてしまうという考え方の現出である。

　例えば空母も構成要素のひとつだが、その速力は、艦上機の発艦に必要な合成風力を得るうえで、ある程度以上の速さが求められた。しかし旧来の戦艦で、当時の空母に追随できたのは巡洋戦艦ぐらいだった。そこで新戦艦には、空母と艦隊行動がとれる「足の速さ」が求められた。

　もうひとつは、旧来の戦艦のほとんどは主砲以外に副砲と高角砲を別個に装備していたが、新戦艦ではこれを兼用化したことだ。かつての副砲の主な役割は、高速で肉薄し雷撃戦を挑んでくる敵駆逐艦の撃退だった。だが航空機の脅威が着実に増大する状況に鑑み、従来の副砲に比べて対艦威力は若干劣るが、副砲にも高角砲にも使える両用砲に一本化し、代わりに装備門数を増やすのが得策と判断された。

　こうして条約の失効後、イギリス海軍は「キング・ジョージⅤ世」級5隻、アメリカ海軍は「ノースカロライナ」級2隻、「サウスダコタ」4隻、「アイオワ」級4隻を、それぞれ新戦艦として就役させた。世界で初めて空軍を独立軍種としたイギリスと"ビリー"の母国のアメリカ。両国の「戦艦信者」たちは、日進月歩の航空兵力の脅威をそれなりに認識していたのだ。

　ところが日本だけは、逸早く陸攻隊を戦力化していたにもかかわらず、速力面でなぜか旧来の戦艦の延長線上にある「大和」型を同時期に就役させるのだが、それはまた別の物語である。

■認められた真価

　アメリカ海軍における新戦艦の嚆矢「ノースカロライナ」級は、条約存続の可能性もあった時期に設計がスタートしていたため、条約の制限に準拠した14インチ砲のほかに、16インチ砲も搭載できるよう考慮されていた。結局、同級は16インチ砲を搭載して竣工したが、基礎設計にこのような汎用性を求めたことなどがアダとなり、防御面でやや不満足な仕上がりを示した。

　そこで「ノースカロライナ」級は2隻に留められ、改良型たる「サウスダコタ」級へのバトンタッチと相成った。主砲に16インチ砲Mk.6の3連装砲塔3基、副砲兼高角砲に5インチ両用砲Mk.12の連装砲塔10基と火力は同等の両者だが、ヴァイタル・パートのコンパクト化と集中防御が奏効し、「サウスダコタ」級は前者より水線長が約15m短くなり、防御力も向上している。

　設計の優越性が認められた本級は、ネーム・シップの「サウスダコタ（BB-57）」以下「インディアナ（BB-58）」、「マサチューセッツ（BB-59）」「アラバマ（BB-60）」の同型艦4隻が建造された。ちなみに「サウスダコタ」の起工は1939年7月5日で1941年7月7日に進水し、1942年5月15日に竣工しており、太平洋戦争勃発後、最初に竣工したアメリカ戦艦となった。8月、真珠湾での大損害で戦艦が払底していた太平洋艦隊に配属され、10月26日の南太平洋海戦（サンタクルーズ諸島海戦）では第16任務部隊に属して空母「エンタープライズ」を直衛。同海戦には空母「ホーネット」を擁する第17任務部隊も参加したが、こちらの直衛は対空戦能力に劣る旧式の条約型重巡洋艦2隻と防空軽巡洋艦2隻で、「ホーネット」は再三に及ぶ日本軍の航空攻撃により撃沈された。

　一方、第16任務部隊は「サウスダコタ」はじめ「エンタープライズ」、重巡洋艦「ポートランド」、防空軽巡洋艦「サン・ファン」、駆逐艦「スミス」が損傷し、不幸なアクシデントで駆逐艦「ポーター」を失ったものの、航空攻撃による戦没艦は生じていない。アメリカ海軍はこの戦訓に基づき、新戦艦による空母機動部隊の直衛は効果的と判断した。

　ちなみに、姉妹艦3隻はいずれも戦隊旗艦を務められるよう設計されていたが、「サウスダコタ」だけは格上の艦隊旗艦仕様となっており、艦内容積を広く取るため5インチ連装砲塔が2基少なく8基（計16門）、40mm4連装ボフォース機関砲2基（計8門）、1.1インチ4連装機関銃7基（計28挺）、20mm単装エリコン機関銃34挺、50口径単装機関銃8挺の

対空兵装をもって同海戦を戦った。

■戦艦という名の「大型汎用戦闘艦」

実は当時、アメリカ海軍は熾烈化する洋上防空戦に対処すべく、個艦と艦隊の防空域拡大と威力増大に向けて、対空自動火器の刷新に着手していた。従来の近接防空用の50口径機関銃と近距離防空用の1.1インチ機関銃のコンビを、近接防空用（高度1500mまで）にエリコン、近〜中距離防空用（同3000mまで）をボフォースというコンビに変更しつつあったのだ。ただし、遠距離防空（同3000m以上）は従来通り5インチ両用砲が担当した。

この組み合わせの場合、高度600mから1500mの空域でエリコンとボフォースの射程が重複するため火網が濃密になるが、大戦末期に航空体当たり攻撃（カミカゼ・アタック）が始まると、同空域が「懐」まで飛び込んできた特攻機を迎え撃つ「最後の砦」となった。当時の実写映像で、目標の至近まで迫った特攻機が突如火を噴き進路が狂って墜落したり、被弾して空中分解するシーンをご覧になった読者も少なくないだろう。これらの映像の多くは、この空域で火網に捉えられた特攻機の最期の姿と思われる。

というわけで、エリコン、ボフォース、5インチ両用砲の「三段重ね」は、第二次大戦における最良最高の洋上防空火網と称されることも多い。最終的に「サウスダコタ」は単装エリコン77挺、4連装ボフォース17基（計68門）という槍衾のような対空自動火器群に加えて、1943年初頭から5インチ両用砲にVT信管付き対空砲弾が用いられるようになり、遠距離防空能力が著しく向上した。

「サウスダコタ」はレーダーも充実していた。就役当初の時点で対空用にSC、水上捜索用にSG、主砲射撃管制用にMk.3、高角砲射撃管制用にMk.4を装備。これらは逐次換装または増設されて、大戦末期になると対空用全般にSK-2、対空早期警戒用にSR、高度計測用にSP、水上捜索用のSGはもう1基が追加装備され、射撃管制用のMk.3とMk.4は、より高性能のMk.8とMk.12/22にそれぞれ換装されていた。

戦艦であるにもかかわらず、CIC（戦闘情報センター）にはファイター・ディレクション・オフィサー（航空管制官または戦闘機誘導官）も配置されており、「本家」の空母のCICが「多忙」になると、主に艦隊防空の「外堀」たる艦上戦闘機によるCAP（戦闘空中哨戒）を指揮することもしばしばだった。かと思えば、上陸作戦時や日本本土への艦砲射撃に見るごとく、「巨砲を撃ちまくる」戦艦本来の戦い方においても優れた能力を発揮している。

足が速く、堅固な装甲を纏い、強力な主砲と槍衾のような対空火網を携え、最新のレーダーを揃えて、そのうえ総合指揮能力まで備えた本艦に代表されるアメリカ海軍の新戦艦こそ、大艦巨砲の旧弊を打開した、次の時代の「戦艦という名の大型汎用戦闘艦」の姿だといったら言い過ぎだろうか。

アラバマ
1942年 就役時

アメリカ海軍戦艦アラバマ
ピットロード1/700
インジェクションプラスチックキット
製作／鈴木幹昌

新戦艦一番手である「ノースカロライナ」級に続いて建造された「サウスダコタ」級4番艦。14インチ砲搭載艦として設計された「ノースカロライナ」級に対して「サウスダコタ」級は当初より16インチ砲搭載艦として設計され、防御力もそれに見合ったものとなっている

艦橋などの上部構造物は重量軽減と高角砲の射界確保のためコンパクトにまとめられ「ノースカロライナ」級では2本だった煙突も1本とされた。1番艦の「サウスダコタ」は艦隊旗艦設備を設けるため5インチ連装両用砲は2基減の8基としている

16インチ砲対応防御力を備えつつ、排水量を第二次ロンドン条約の3万5000トン以内に収めるため「サウスダコタ」級は「ノースカロライナ」級よりも15m短いズングリした船型となった。機関出力は「ノースカロライナ」級に比べて1万馬力強化されたが、幅広の船型は高速発揮には不利でとくに大戦末期、対空火器を強化した状態では25〜26ノットとなっていた

上から本艦のレイアウトを見ると艦橋一煙突一後部艦橋のレイアウトが非常にコンパクトまとめられているのがわかる。短艇置き場も最小限しか設けられず隙間なくびっしりと対空火器が搭載されている。就役後、本級はさらに対空火器を増備したが、それにともない乗員の数も増えた。もともと艦内容積は不足気味で居住性はよくなかったが乗員が増えるに連れて居住性はますます悪化することとなった

第二次大戦で唯一生き残った巡洋戦艦
巡洋戦艦レナウン
Battlecruiser HMS Renown

第二次大戦開戦時、イギリス海軍は3隻の巡洋戦艦を保有していた。戦艦並の主砲と巡洋艦並の速力を併せ持つ巡洋戦艦は高速戦艦登場後もその価値を失わず最前線に投入され続けた。その結果、2隻が海戦で失われ戦争を生き延びたのは「レナウン」ただ一隻だった

アイスランドのクヴァールフィヨルズルに停泊中の『レナウン』。後方にはアメリカ海軍の戦艦『テキサス』も停泊している。1943年の本国艦隊所属中の時期、『ティルピッツ』の出動を警戒してロシアン・コンヴォイの間接護衛任務に従事していた頃のワンカットと思われる。極北向けのディスラプティブ・カモフラージュのペイントは北極海の激しい波浪を受けてバウの中央あたりが剥げ、以前の塗色が一部露出している。メインマストのトップにタイプ281レーダー、その下の円筒形のものはタイプ273水上警戒レーダーで、ブリッジ上の射撃管制盤の上前部にタイプ284主砲射撃管制レーダー、上部にはタイプ285対空射撃管制レーダーが装備されている。これらのレーダー群があればこそ、イギリス海軍は悪天候が多く季節によっては闇に包まれる北洋での作戦行動と戦闘をこなすことができた。

要目　レナウン（1939年）
基準排水量	3万6080トン
全長	242.0m
全幅	27.4m
出力	12万hp
速力	30ノット
航続距離	6580nm/18ノット
兵装	42口径15インチ連装砲×3
	45口径2ポンド8連装機関砲×3

巡洋戦艦レナウン

■ "ジャッキー"の巡洋戦艦

巡洋戦艦という艦種を考案したのは、1905年10月にイギリス海軍第1海軍卿に就任したジョン・アーバスノット"ジャッキー"フィッシャー提督（大将）だ。第1海軍卿就任以前には、第3と第2の両海軍卿を歴任し、「ロイヤル・ネイビーの至宝」とも称された逸材である。

まずフィッシャーは、イタリア海軍造船技官ヴィットリオ・クニベルティが「ジェーン海軍年鑑」に発表した単一口径巨砲高速戦艦にかんする論文、自国海軍における艦砲斉射の実験データ、当時最新の情報だった日本の日露戦争における戦訓などを参考にして、新時代の戦艦「ドレッドノート」を生み出した。

フィッシャーの思想は速度もまた重視しており、「ドレッドノート」は同時代の戦艦よりも数ノットほど優速だったが、続いて彼は「ドレッドノート」と並行的に検討が行われてきた、装甲巡洋艦に代わる艦種を検討する。装甲巡洋艦は戦艦よりも快速で、偵察、警戒、シー・レーン防衛、自艦より脆弱な艦艇の駆逐が任務であり、その名のごとく装甲も備えていた。しかし戦艦にはかなわないので、戦艦と遭遇した場合は優速をもって避退するのが普通だった。

このような現状を理解していたフィッシャーは、脆弱な装甲防御力を高速で補うという持論に基づき、装甲巡洋艦の任務をすべて遂行でき、その装甲巡洋艦をも駆逐可能な新しい艦種を案出した。それは装甲巡洋艦の拡大版ともいえるもので、戦艦と同等の火力を有し、装甲防御力は戦艦に劣るが装甲巡洋艦よりは堅固で、装甲巡洋艦と同等の高速を有する艦種だった。彼は、艦隊ではこの艦種をド級戦艦と組み合わせて運用しようと考え

▲1920年4月エドワード皇太子の巡幸艦としてニュージーランド、オークランドに寄港した際の「レナウン」。第一次大戦直後のことで「レナウン」はまだ新造時の姿を留めている。艦橋も三脚檣のままで船体にはバルジなども設置されていない。艦橋に近い前部煙突からの排煙はかなり濃く、同じ様なレイアウトの「長門」型や「クィーン・エリザベス」級がむき出しの艦橋への排煙対策に悩まされたのもよくわかる。この航海ののち、「レナウン」は第一次近代化改装が実施される。

ていた。巡洋戦艦の誕生である。

　読者諸兄の叱責を覚悟のうえで、巡洋戦艦の装甲防御力が戦艦に劣る理由を大雑把に説明すると、機関に原因があった。ごく簡単にいえば、機関によって動く乗り物すべてに共通する理屈として、同じ出力の機関でより高速が出るようにするには、動かす乗り物の重量を軽くすればよいのであり、軍艦の場合も同様である。

　つまり巡洋戦艦では、戦艦と同等の出力の機関で、戦艦並みの火力を備えつつ戦艦を凌駕する速力を得るために、装甲防御力を削って軽量化したのだ。まさに「何かを失って何かを得る」設計手法の典型といえよう。

　かくてイギリス海軍は、全世界における巡洋戦艦の嚆矢としてまず「インヴィンシブル」級、続けて「インディファティガブル」級、「ライオン」級、「タイガー」などを次々と就役させたのである。

■「R」級戦艦の大変身で誕生

　第一次大戦が勃発した1914年も末の12月8日、フォークランド沖海戦が戦われ、イギリス巡洋戦艦が、装甲巡洋艦と防護巡洋艦から成るドイツ艦隊に圧勝した。フィッシャーはこの戦果を高く評価。戦艦級の軍艦の新造は時間も予算もかかりすぎると反対する、時のアスキス内閣を説き伏せて巡洋戦艦2隻の新造を認めさせた。

　実はフィッシャーには読みがあった。それは、1913年度計画で5隻が建造された「ロイヤル・ソヴェリン」級戦艦の1914年度追加発注分3隻のうちの6、7番艦（8番艦は未成）の予算と資材を流用して急ぎ建造を進めれば、この2隻を戦時中に就役させられると判断したのだ。

　かような背景をもって誕生した巡洋戦艦には、同型艦5隻がすべて「R」の頭文字の艦名を与えられているため「R」級とも称される「ロイヤル・ソヴェリン」級として建造されるはずだった当初、6番艦と7番艦に予定されていた「レナウン」と「レパルス」の艦名が、そのままネームシップと2番艦に与えられることになった。

　ネームシップの「レナウン」は、グラスゴーのフェアフィールド・シップビルディング・アンド・エンジニアリング社で建造された。就役は1916年9月20日だったが、2番艦「レパルス」のほうが約1か月早く就役していた。そのため、イギリス製巡洋戦艦3隻が一挙に沈んで脆弱性が暴露されたユトランド沖海戦には、姉妹揃って参加していない。就役後は第1巡洋戦艦戦隊に所属し、主に北海方面で行動したが、戦闘に参加することはなかった。

　戦後の1919年、「レナウン」はエドワード皇太子の巡幸艦に選ばれ、カナダとアメリカへのクルーズを行った。戦艦の威厳と船体規模を備えつつ、巡洋艦並みの船足の速さが巡幸に最適という判断からだった。ゆえに1920年初頭には、皇族用のいわゆるロイヤル・ヨットとしての改修が施され、スカッシュ・コートや映画上映のスペース、プロムナード・デッキ、茶会やパーティーもできるデッキ・ハウスなどが設けられた。

　そして1920年から1922年にかけて、オーストラリア、ニュージーランド、インド、日本などを巡幸している。ちなみに日本の服飾企業レナウンの社名は、このとき来日した本艦の艦名にちなんだものという。

　直後の1923年7月から1926年9月にかけて、改装が行われた。このときの改装は砲弾や魚雷に対する装甲の増加が中心だったため、外見上に大きな変化は生じなかった。

　さらに10年後の1936年9月から1939年8月にかけて、「レナウン」は再び改装を施された。この第二次改装は、きわめて

巡洋戦艦レナウン

大規模なものだった。

特に上部構造物の変更が著しく、旧態依然とした艦橋は近代的なビル型に改められ、前後のマストは軽構造の3脚型とされた。2本の煙突の位置は変更されなかったが、後部煙突の後方基部に艦載機格納庫が設けられ、同煙突と後部マストの間に真横に射出するカタパルトが設置された。さらに艦載機格納庫の左右に1基ずつクレーンが配置され、艦載機の揚収と艦載艇の昇降に用いられた。

砲煩兵器では、主砲はそのままだったが対空兵装強化の観点から、副砲は4インチ3連装砲塔5基と同単装砲塔2基すべてを、4.5インチ連装両用砲塔10基に換装。また、魚雷発射管は撤去されている。

しかし今回の改装の大目玉は、何といっても機関の換装である。これより、機関部全体の大幅な重量軽減に成功したのだ。大規模な改装の結果として全体の排水量が大きくなり、浮力増強のため抵抗の源となるバルジも装着されたにもかかわらず、改装後の公試では約30ノットを発揮。速力の低下は約1ノットで済んだ。

このような「整形手術」の結果、姉の「レナウン」は、妹の「レパルス」とはまるで異なる容貌となって第二次大戦を迎えた。実は本艦ほどではないものの、「レパルス」にも逐次改装が施されており、両艦とも造船所入りしていた期間が長かった。そのせいで、ライミーたちは艦名の"Renown"と"Repulse"に引っ掛けて、それぞれ"Refit"と"Repair"と称し軽口をたたいたという。

■東奔西走の「老いた名花」の末路

第二次大戦が勃発すると、「レナウン」は本国艦隊に所属して1か月ほど北海のパトロールなどに従事した。だがすぐに装甲艦「グラーフ・シュペー」の追跡に参加すべく、南大西洋のK部隊に転属となった。巡洋艦並みの高速で戦艦並みの火力を備えた巡洋戦艦は、「戦艦よりも速く、重巡洋艦よりも大火力で重装甲」がキャッチフレーズの装甲艦を「狩る」には最適だったからだ。残念ながら本艦は「グラーフ・シュペー」の撃沈には関与しなかったが、しばらく南大西洋に在って、1940年3月、本国艦隊に復帰した。

1940年4月、ドイツが「ヴェーザーユーブンク」作戦を発動すると「レナウン」も出動し、第二次大戦初の戦艦同士の砲撃戦となった4月9日のナルヴィク沖海戦において、自らも被弾小破したものの、戦艦「グナイゼナウ」を小破させた。その後、本艦はH部隊に所属して地中海方面で行動。輸送船団の護衛や、高速を利して空母機動部隊の直援などに従事した。

1941年5月には、戦艦「ビスマルク」の追跡に加わる。1941年11月に本国艦隊に戻って援ソ船団の護衛などに従事したが、1942年10月、またしてもH部隊に異動して「トーチ」作戦に参加。それから本国艦隊を経て、1943年12月に極東艦隊に配属された。そして1944年4月の「コックピット」作戦、同年5月の「トランサム」作戦などで空母機動部隊の直援艦を務める。さらに同年10月には、ニコバル諸島への艦砲射撃も実施した。

その後の1945年4月、イギリスに帰還してヨーロッパ方面でのドイツ海軍の最後の局面に備えた。

まさに東奔西走の大活躍だが、巡洋艦並みの速力と戦艦並みの火力に加えて旗艦設備を備え、しかも近代化改装済みの「レナウン」は、イギリス海軍にとって使い勝手のよい艦だったに違いない。

巡洋戦艦発祥の国、イギリスが第二次大戦に投入した巡洋戦艦は「レナウン」、「レパルス」、「フッド」の3隻。

このうち、「フッド」は1941年5月24日のデンマーク海峡海戦において、ユトランド沖海戦でのイギリス巡洋戦艦を彷彿とさせる最期を迎え、妹の「レパルス」は1941年12月10日のマレー沖海戦において、当時革新的だった対艦航空攻撃に倒れた。

そう考えると、行く先々で激戦に身を投じながらも生きながらえた「高名なる「レナウン」」は、まさに幸運の艦であったといえよう。

しかし「老いた名花」の末路は寂しかった。1948年8月3日、タグボートに曳かれた「レパルス」は、クライド海軍基地から最後の船出をした。彼女の行き着く先、それはスクラップ・ヤードであった。

レナウン 1939年 ラプラタ沖海戦時

イギリス海軍巡洋戦艦レナウン
ホワイトエンサイン1/700
レジンキャストキット
製作／市野昭彦

第二次改装により一新した艦橋。塔型艦橋は「クィーン・エリザベス」級戦艦や「キング・ジョージ5世」級戦艦にも採用されているが「レナウン」の艦橋は正面が楕円を描いた独特の形状をしている。この艦橋はタウン級軽巡の艦橋とよく似ている

対空火器は4.5インチ（11.3cm）連装両用砲10基。これは1938年に採用された最新の砲塔で高角砲と副砲を兼ねる両用砲だった。同時期に改装された「クィーン・エリザベス」級などにも採用されている。なお新戦艦である「キング・ジョージ5世」級戦艦はより強力な5.25インチ（13.3cm）連装両用砲を搭載している

上部構造物の改装や対空火器の強化により新造時よりも吃水が深くなってしまった「レナウン」は船体に巨大なバルジを取り付けて浮力を補った

艦載機の搭載方法やカタパルトの設置はイギリス海軍独特のもの。上部構造物の中に格納庫を設置しそこから軌条によって艦載機を引き出して横向きのカタパルトから射出する。ドイツ海軍はカタパルトの設置についてさまざまな位置を試したが結局、「ビスマルク」級ではイギリス海軍と似たかたちを採用することになった

東洋のジブラルタル、シンガポールを守るために派遣された巡洋戦艦と新鋭高速戦艦

巡洋戦艦レパルス／戦艦プリンス・オブ・ウェールズ
Battlecruiser HMS Repulse / Battleship HMS Prince of Wales

風雲急を告げる太平洋戦域における海外領土を守るためイギリス海軍は最新鋭の高速戦艦と巡洋戦艦を派遣することに決めた。シンガポールに配備された両艦はイギリスの東洋の権益を守る防波堤となるはずだった。しかし日本海軍の戦艦部隊に対する抑止力として期待された2隻は思わぬ伏兵の前に倒れることとなる

```
要目　レパルス（1941年）
基準排水量        3万2000トン
全長             242.0m
全幅             27.4m
出力             11万2000hp
速力             28.3ノット
航続距離          3650nm/10ノット
兵装             42口径15インチ連装砲×3
                45口径4インチ三連装砲×3
                45口径4インチ高角砲×4
                45口径2ポンド8連装機関砲×3
```

戦間期ならではのグレー単色の塗装に身を包んだ「レパルス」。いかにも「古き良きイギリス戦艦」といったシルエットである。B砲塔上に航空機滑走台が設けられており、1919～1922年にかけて実施された第1次近代化改装に際して、防御力強化のため増備された舷側装甲帯も確認できる。また、レーダー・アンテナらしきものはまったく見当たらない。艦全体の塗装が比較的美しく保たれているにもかかわらず、舷側には錆垂れも見られる点などから判断して、おそらく1923～1924年にかけて実施された、長距離航海をともなったワールド・クルーズの際の撮影と思われる。

巡洋戦艦レパルス／戦艦プリンス・オブ・ウェールズ

■ "ジャッキー"の巡洋戦艦

　第一次大戦に敗れたドイツはアジアと太平洋の植民地を失った。それに代わって台頭してきたのが"Rising Sun"こと日本である。当該地域にも多くの植民地を擁していた海外領土大国イギリスにとり、明治維新以降、兵器をはじめ蒸気機関車など自国製工業製品のよい「お客様」だった日本が、ここにきて極東における最大の脅威に転じたのだ。

　そこでイギリスは"Rule, Britannia"（※）の威信を賭けて、大西洋から地中海を経てスエズ運河を通るか、あるいは喜望峰回りのどちらかでインド洋に入り、セイロン、シンガポールを経由して終着地の香港へと至る「海のシルク・ロード」を守るべく、有事には少なくとも戦艦1個戦隊を中核とする東洋艦隊の派遣を戦間期に策定。その根拠地として、シンガポールのセレターに戦艦が入渠可能な巨大乾ドック"キング・ジョージⅥ世"を擁するH.M.S.スルタン（当時のイギリス海軍におけるセレター軍港の通称）を建設した。

　セレター軍港の建設が決まったのは1921年6月のことだったが、戦間期の緊縮財政や政権交代、国際的な海軍軍縮――いわゆるネーヴァル・ホリデー――などが影響して工事は遅れ、1938年2月15日にやっと開港式を迎えることができた。同港は対岸にマレー半島を臨むジョホール水道沿いのほぼ中央部に位置し、水道東西の開口部とシンガポール島南岸一帯は、強力な複数の沿岸砲台で守られていた。軍港の立地も含めて、敵は同島の南（海側）から襲来するだろうという予測に基づく配置である。

■ ミスター・ジョンブルの要望

　第二次大戦勃発後の1941年8月、時のイギリス戦時内閣首班ミスター・ジョンブルことチャーチルは"リヴィエラ"会談で合意した中立国アメリカとの協調に基づき、風雲急を告げる太平洋に件の東洋艦隊の派遣を求めた。

　しかしアドミラリティ（※）は日本海軍の規模に鑑みて、相応の大艦隊ならまだしも、中途半端な艦隊では対抗戦力としての意味を成さないと判断。加えて当時、同海軍は大西洋と地中海の戦いに忙殺され艦艇に余裕がなかった。そのため、旧式戦艦の派遣ならしぶしぶ目を瞑るという構えであった。

　「『ティルピッツ』ただ1艦の『影』のせ

※Rule, Britannia＝ルール・ブリタニア。ルールは「統治する、支配する」の意。イギリスの愛国歌。イギリスにおいて国歌に相当するのはGod Save the QueenだがRule, Britanniaは第二の国歌として愛唱されている。
※アドミラリティ＝海軍本部。海軍の軍政と軍令を統括する官庁で海軍省に相当する組織

1941年12月2日、シンガポールのセレター軍港に到着した「プリンス・オブ・ウェールズ」。ただしこの写真の発表の日付は4日とされている。スカパ・フローを太平洋戦争開戦前の10月23日に出港し、ケープタウンを経由する喜望峰回りの航路でインド洋に入り、モーリシャスやコロンボを経ての長期航海の末の入港を示すように、波を切る艦首からA砲塔下の舷側ぐらいまでのカモフラージュ塗装のウェザリングが著しい。ブリッジの正面には、上部にゴールドのクラウンがあしらわれた、ホワイトの地にレッド・クロスというセント・ジョージ・クロスをモチーフにしたプリンス・オブ・ウェールズのエンブレムが掲げられている。

要目　プリンス・オブ・ウェールズ（1941年）	
基準排水量	3万8031トン
全長	227.1m
全幅	34.2m
出力	10万hp
速力	28ノット
航続距離	7000nm/18ノット
兵装	45口径14インチ四連装砲×2
	45口径14インチ連装砲×1
	50口径5.25インチ連装両用砲×8
	45口径2ポンド8連装機関砲×4

いで、その3倍にも及ぶわが海軍の主力艦が拘束されている実情に鑑みて、東洋に送り込むわが艦隊もまた、日本に対する『ティルピッツ』たり得るはずだ」

当時最新鋭の「キング・ジョージⅤ世」級戦艦を極東に派遣するか否かの議論も含み込んだ、すわ有事となれば日本のシー・レーン遮断を第一と考えたチャーチルの言葉である。彼は海軍大臣を務めていた第一次大戦時、ドイツ海軍による通商破壊戦を経験しており、日本もまた資源を輸入に頼るイギリスと同じ島国なので、戦時にはシー・レーンの維持と防衛を最優先するだろうと予想したのだ。

日本海軍に対するこの思惑が完全に間違っていたこと——少なくとも戦争中盤までシー・レーンの防衛なぞ顧みもしなかった——はやがて実証されるが、とにもかくにも、こうして東洋艦隊の派遣が決まった。

■「レパルス」は「リペア」にあらず！

シンガポール行きは当該の艦ごとに発令されたが、最初に指定を受けたのが巡洋戦艦「レパルス」だった。同艦は1913年度計画で5隻が建造された「ロイヤル・ソヴェリン」級戦艦の1914年度追加発注分3隻のうちの6、7番艦（8番艦は未成）の予算と資材の流用で誕生した「レナウン」級巡洋戦艦の2番艦。

1914年12月8日のフォークランド沖海戦における「インヴィンシブル」級巡洋戦艦の活躍と、当時、2度目の第1海軍卿職に就いていた男爵ジョン・アーバスノット・フィッシャー提督の建艦方針の申し子とされる。

「ロイヤル・ソヴェリン」級は同型艦5隻の艦名がすべてRの頭文字で始まるよう決められていたため「R」級の別名でも知られるが、このような背景により、まったくの別設計でしかも艦種まで異なるにもかかわらず、2艦には「R」級の6、7番艦に予定されていた艦名——「レナウン」と「レパルス」——が冠せられたという経緯がある。

ジョン・ブラウン社クライドバンク造船所で建造された本艦は、「姉」であるネーム・シップの「レナウン」より約1か月早い1916年8月15日に竣工した。

ところが同年5月31日から6月1日にかけて戦われたユトランド沖海戦でイギリス巡洋戦艦3隻が一挙に轟沈。その原因の一端が同国製巡洋戦艦に共通の防御力不足にあったため、「レパルス」は同海戦後の9月に新造艦としてグランド・フリートの第1巡洋戦艦戦隊に加わったものの、実戦経験はわずかに1917年11月17日の第2次ヘリゴランド・バイト海戦でドイツ軽巡洋艦「ケーニヒスベルク」に15インチ主砲弾1発を命中させたに止まった。ちなみにこの1発のみが、彼女の生涯において伝家の宝刀たる15インチ主砲弾を敵艦に見舞った唯一の例とされている。

本艦は戦後の1919年から22年にかけて152mm厚の舷側装甲を229mmに強化。新造時には2門だった水中魚雷発射管を水上発射管に改めたうえ8門に増強するなどの第1次改装を受け、1934年から36年にかけては、対空兵装と航空装備の強化を中心とした第2次改装が実施された。

一方、「レナウン」にはさらに大規模な改装が施されたが、そのため両艦はともに造船所入りしていた時間が長く、口さがないライミーたちは艦名の"Renown"と"Repulse"に引っ掛けて"Refit"と"Repair"と称し嘲ったという。

■不幸を背負った「断絶の王子」

シンガポール行きの2隻目は「キング・

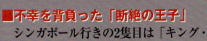

巡洋戦艦レパルス／戦艦プリンス・オブ・ウェールズ

ジョージⅤ世」級の2番艦「プリンス・オブ・ウェールズ」だったが、本艦の派遣を巡っては、チャーチルとアドミラリティが激論を戦わせている。

イギリス最新鋭の同級の極東派遣を強く望むチャーチルに対し、旧式戦艦ならまだしも、ドイツ水上艦隊への対抗戦力の要となる同級を1隻たりとて大西洋から出したがらないアドミラリティ。だが結局、この勝負はチャーチルのゴリ押し勝ちとなった。

一連の海軍軍縮の流れのなかで、第2次ロンドン条約は旧式化した戦艦の代替建艦を認めていた。本級は同条約で承認済みの代替新造戦艦の性能条件、すなわち主砲口径14インチ、基準排水量3万5000トンという数値を遵守した最大速力28ノットの戦艦として計画された。

そして、いずれ登場するだろう各国の代替戦艦も同口径の主砲になるという共通の制約を踏まえて、イギリス海軍は本級向けに新型の14インチ砲を開発。これを多砲装備として、14インチ砲以上の砲を備える敵艦への対抗を図った。当初、4連装砲塔3基で片舷斉射12発が考慮されたが、設計中に装甲防御力の強化が求められ、それに回す重量捻出のためB砲塔を連装砲塔に変更した。

しかしイギリス海軍初の4連装砲塔は故障が多発。例えば1941年5月24日のデンマーク海峡海戦では、本艦はわずか25.65パーセントしか主砲の威力を発揮できなかったといわれる。このときはまだ新造で各部の整備調整が済んでおらず工員を乗せたまま出撃したが、そのなかには砲関係者も少なからず含まれていた。

とはいえ、時として新戦艦と称されるに相応しく、本級の主砲の照準は、就役当初から従来の測距儀による光学照準とレーダー照準の併用であった。

実はイギリス海軍内では、本艦は「縁起の悪いフネ」と見做されていた。

まずはそのネーミング。「プリンス・オブ・ウェールズ」とは1936年に崩御した国王ジョージⅤ世の王子の一人の称号で、同年に即位しエドワード8世となった。ところが彼はアメリカ人女性シンプソン夫人との結婚を選び、あろうことか同年末に退位。そのためイギリスでは、恋愛スキャンダルの張本人のかつての尊称を新造戦艦に付けることについて、大きな物議を醸し出した。

本艦を襲った実際の不幸の最初は、建造中のリヴァプールのキャメル・レアード社バークンヘッド造船所が空襲され、至近弾により大浸水を起こしたことだ。次の不幸は、頻繁に空襲されるリヴァプールから少しは安全なロシスに曳航しようとした際、未知の砂洲に座礁し4基の推進器のうち2基を損傷してしまったことである。

ロシスに移ってからも不幸は続く。ポムポム砲の点検時の暴発事故で工員が負傷。作業中の転落事故が2回。加えて、B砲塔でボヤが実に3回も起きたのだ。

1941年3月31日の竣工後も本艦の不幸は尾を曳いた。初陣のデンマーク海峡海戦でビスマルクからの直撃弾を艦橋に被弾。艦長ジョン・リーチ大佐と信号長以外の艦橋要員全員が死傷したのである。

そして、この海戦で「フッド」が轟沈したのは縁起の悪い本艦と行動をともにしたせいだという噂が流れ、一緒にいると災いをもたらされるという意味で、ライミーたちは本艦を"ヨナ（不吉を呼び寄せる人の意)"の渾名で呼ぶようになった。

イギリス海軍中で厄病神として毛嫌いされている本艦と組んでZ部隊を編成することを知った「レパルス」の乗組員たちは、「災いの御裾分け」を恐れて、指を重ねたり木に触ったりしたという。

イギリス本土からの長い回航を終えてセレター軍港に投錨。赤道直下、沿岸海洋性気候の湿度が高い大気のせいでブロンドに燃え立つ夕映えに染まる「彼女たち」の明日の運命は、彼女たち自身はもとより、まだ誰にも分らなかった。

■マレー沖海戦の悲劇

太平洋戦争が勃発し、日本軍のマレー

レパルス
1941年時

主砲は42口径15インチ（38.1cm）連装砲3基。船体の長さに比べて砲塔数が少ないがこれは高速力を発揮するために機関スペースを広く取ったため。

カタパルトなどの設置方法は「キング・ジョージⅤ世」級と同じ。改装後の「クィーン・エリザベス」級も同様で第二次大戦時のイギリス戦艦の標準的な配置と言える。

イギリス海軍巡洋戦艦レパルス
タミヤ1/700
インジェクションプラスチックキット
製作／鈴木幹昌

45口径2ポンド8連装機関砲
42口径15インチ連装砲
45口径2ポンド8連装機関砲
45口径4インチ三連装砲
42口径15インチ連装砲
45口径4インチ三連装砲
45口径4インチ単装高角砲
45口径4インチ三連装砲

全長は242mで「プリンス・オブ・ウェールズ」の227.1mよりも15m長い。全幅は「レパルス」が27.4mに対して「プリンス・オブ・ウェールズ」は31.4m。

巡洋戦艦レパルス／戦艦プリンス・オブ・ウェールズ

半島侵攻が報じられると、イギリス東洋艦隊は速やかに出撃案を練った。この時、すでに司令官トーマス・スペンサー・ヴォーン"トム"フィリップス提督（大将）は、日本軍の航空優勢によりマレー半島の航空基地のほとんどが使えないため、艦隊に対する適切な航空掩護を提供できないことを空軍から告げられていた。

しかしフィリップスには、それでも出撃を決断しなければならないいくつかの背景が存在した。

まず戦術的には、予想外の日本軍の強圧によりマレー半島で苦戦を強いられている陸軍を掩護するため、日本の輸送船団を叩いて侵攻部隊の後方を絶つことが求められた。

次に政治的には、極東の自治領や植民地に在住するイギリス連邦人に対して、外国の侵攻には頑として立ち向かうという、海外領土大国としてのプレゼンスを示す必要があった。

かような次第で、フィリップスは「プリンス・オブ・ウェールズ」と「レパルス」を主力に、駆逐艦「エレクトラ」「エクスプレス」「テネドス」「ヴァンパイア（オーストラリア艦）」から成るZ部隊を編成。1941年12月8日夜、自らの将旗を「プリンス・オブ・ウェールズ」に翻し、日本の輸送船団が確認されているシンゴラを目指した。

9日1515時、日本側の潜水艦哨戒線のひとつを担任していた伊65がZ部隊を発見。これを受けて日本海軍は、輸送船団にシャム湾への避退を下令。一方で艦隊による邀撃と、航空隊による邀撃の二段重ねで迎え討つ準備に入った。

松永貞市少将率いる第22航空戦隊は9日午後、悪天候をついてZ部隊攻撃に出撃したものの、このときは発見できずに帰還している。

10日、第22航空戦隊は索敵を実施。この日、日本軍のコタバル上陸を伝えられたZ部隊は同地に向かって航行していた。だがこれは誤報だった。結局、接敵できずじまいのZ部隊は1030時頃、舳をシンガポールへと返した。

第22航空戦隊は索敵機を発進させた直後に攻撃隊も出撃させていた。というのも、敵を発見してから出撃するよりも、索敵情報が判明次第、在空中の攻撃隊を敵へと指向したほうが、より早く攻撃を開始できると判断したからだ。ところが、敵はなかなか発見できなかった。

それでも1145時、ついに索敵機がZ部隊を発見。第22航空戦隊司令部は、在空中の攻撃隊に敵情を伝えて速やかな接敵を求めた。

そして1245時、Z部隊に接触した攻撃隊がイギリス艦に殺到した。開戦直後のこの時期の中攻隊の搭乗員の練度はきわめて高く、しかも戦意も旺盛だった。使い慣れた96式陸攻も、当時は新機種だった1式陸攻も、ともに果敢に水平爆撃や雷撃を試みた。

この攻撃により、まず爆弾1発、魚雷5本を受けた「レパルス」が、左舷側に転覆して没した。続いて「プリンス・オブ・ウェールズ」も、爆弾1発、魚雷6本を受けて「レパルス」の後を追った。なおフィリップスは、旗艦と運命を共にした。

一方、第22航空戦隊は、戦間期のアメリカでの実験により、標的用の「死んだ軍艦」への攻撃で対艦航空攻撃の有効性は証明されてはいたものの、実際に航空攻撃のみで「生きた軍艦」、それも主力艦2隻を撃沈するという快挙を成し遂げた。そして付随的に、航空掩護のない艦隊が、航空攻撃に対していかに脆弱かということも実証されたのだった。

この攻撃で失われたのは、1式陸攻3機、96式陸攻1機という少なさであった。ただし対空砲火により、喪失機も含めた搭乗員の戦死者の合計は21名にのぼった。これは多発機ならではの多人数の犠牲といえよう。

かくして、大英帝国の威信を賭けて極東に派遣された2隻の主力艦は、勝手の違う異郷の海での初陣で、ホワイト・エンサインの栄光を担いつつ、南溟の碧淵に呑まれてしまったのである。

プリンス・オブ・ウェールズ
1941年時

主砲は新開発の45口径14インチ（35.6cm）砲。口径は小さいが最大仰角は40度あり、射距離は3万5000mを超えた。16インチ（40.6cm）砲と比べると、弾丸重量では200kg以上も軽い721kgしかないが、射程ではほぼ同等であり、「レパルス」の搭載する15インチ（38.1cm）砲よりも長かった。

イギリス海軍戦艦プリンス・オブ・ウェールズ
タミヤ1/700
インジェクションプラスチックキット
製作／烈風三速

当初は14インチ四連装砲塔3基を搭載する予定だったが、弾薬庫の防御を強化するためB砲塔（2番砲塔）を連装へと変更して完成した。前方への艦首にはシアーがついておらず乾舷も低かったため高速航行時には艦橋まで波が被ることもあった。

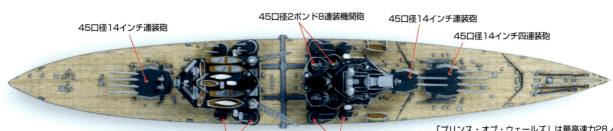

45口径14インチ連装砲　45口径2ポンド8連装機関砲　45口径14インチ連装砲
45口径14インチ四連装砲
50口径5.25インチ連装両用砲　50口径5.25インチ連装両用砲

「プリンス・オブ・ウェールズ」は最高速力28ノットと高速だがそれでも左の「レパルス」と比較するとずんぐりした船型であることがわかる。

色状雑談2-2
第二次大戦のイギリス軍艦命名法則

日本は伝統的に海軍国だと思われがちだが、実際に海軍が創設されたのは明治期以降で歴史は浅い。そのため艦名は規則正しいルールに沿って命名されている。そんな日本人の目には海外の艦名の命名ルールはひどくわかりにくい。ここではその代表的なものとしてイギリス海軍の命名法則を紹介する

イギリス海軍は、他の多くの国のように艦種ごとの命名を法則化していなかった。ただ、命名の傾向というものは存在し、例えば戦艦には王族や準王族、祖国に貢献した偉大な海軍軍人の名を冠することが多かった。「クイーン・エリザベス」「デューク・オブ・ヨーク」「ネルソン」などである。

また、同型艦で命名の方向性を一応揃えるということも行われた。提督である「ネルソン」の同型艦は同じ提督の「ロドニー」、国王である「キング・ジョージV世」の同型艦は同時代の王族である「プリンス・オブ・ウェールズ」「デューク・オブ・ヨーク」などだが、同級では王族名が足りなくなり「アンソン」「ハウ」の提督の名も付けられた。

王室関連の単語や勇壮な単語も用いられ、艦型によっては、同型艦で艦名の頭文字を揃えることも行われた。「ロイヤル・オーク」「リヴェンジ」「レゾリューション」などは、その頭文字から「R」級戦艦と呼ばれた。

第二次大戦に参加した巡洋戦艦は「レパルス」「レナウン」などだが、この2隻は既述の「R」級戦艦の代替として建造されたため、同じ「R」の頭文字を持つ単語が艦名に用いられている。

しかし、同じ巡洋戦艦でも同型艦のない「フッド」は提督の名である。実は当初、同艦は提督の名で艦名を揃える予定の「アドミラル」級のネームシップとされ、他に同型艦3隻の建造が予定されており、艦名も「アンソン」「ハウ」「ロドニー」だった。しかし3隻とも建造されなかったため、それらが後発の既述の艦型に継承されたという訳だ。

艦隊空母には、世界初の本格的空母「フューリアス」が艦名に勇壮な単語の形容詞を用いていたのに倣い「イラストリアス」「フォーミダブル」などが用いられたが、この勇壮な単語の形容詞は、本来は巡洋戦艦の艦名に用いられたものであり、「フューリアス」の前身がハッシュハッシュ・クルーザーだったため、巡洋戦艦の命名法則が空母に継承されたという経緯がある。

だが一方で、鳥名の「イーグル」や、神話に登場する架空の動物名の「ユニコーン」なども存在する。

巡洋艦では、州名が付与された重巡洋艦グループの「カウンティ」級、軽巡洋艦では「フィジー」級のように海外領土の島名、「サウザンプトン」級や「グロスター」級のように都市名、あるいは、同型艦での頭文字統一の法則が適用された「シアリーズ（頭文字C）」級、「ケープタウン（頭文字C）」級、「ダナイー（頭文字D）」級などがある。

駆逐艦は頭文字統一の法則で、しかもアルファベット順での適用がほとんどだが、中には「トライバル」級のように、「コサック」「エスキモー」「マオリ」「ズールー」といった世界の種族の名が冠せられた例もある。

小型対潜艦艇では、小河川の名を冠した「リヴァー」級、その後継で湖沼の名を冠した「ロッホ」級の両フリゲート、植物の名を冠した「フラワー」級、その後継で城の名を冠した「キャッスル」級の両コルヴェットなどがある。

潜水艦は「S」級や「T」級など、駆逐艦と同様に頭文字統一の法則の適用による命名が多かった。

（白石）

◀空母「フューリアス」。イギリスの軍艦の命名規則は日本人には馴染みのないものも多い。中でも形容詞が艦名になったものでこれは空母に多い。「フューリアス」は「怒り狂った」の意。「グローリアス」＝「栄光ある」、「カレイジャス」＝「勇気ある」、「ヴィクトリアス」＝「勝利に輝く」、「インヴィンシブル」＝「無敵な」といった意味合いである。

▲駆逐艦「ジャッカル」。艦名の頭文字を「J」の文字で統一したいわゆるJ級の1艦。イギリス海軍の駆逐艦は年度ごとに8～9隻前後の駆逐艦をまとめて建造し、それぞれの艦名の頭文字を統一するという手法を取っていた。1927年度計画のA級（9隻）からはじまり1928年度B級（9隻）、1929年度C級（当初計画では8隻、財政緊縮のため4隻は建造中止）、1930年度D級（9隻）、1931年度E級（9隻）、1932年度F級（9隻）、1933年度G級（9隻）、1934年度H級（9隻）、1935年度I級（9隻）、1936年度J級（8隻）、1937年度K級（8隻）、L級（8隻）、1939年度M級（8隻）、N級（8隻）と続く。例外は日本海軍の特型駆逐艦に刺激を受けて建造された大型駆逐艦「トライバル」級（1935年度7隻、1936年度9隻）で、本級のみは「コサック」や「マオリ」など「世界の種族」名を艦名としていた。

32
日本海軍航空母艦
加賀
Aircraft carrier IJN Kaga

36
アメリカ海軍
ヨークタウン級航空母艦
Yorktown-class Aircraft carrier

40
アメリカ海軍
エセックス級航空母艦
Essex-class Aircraft carrier

44
アメリカ海軍
カサブランカ級航空母艦
Casablanca-class Escort aircraft carrier

48
アメリカ海軍
ミッドウェー級航空母艦
Midway-class Aircraft carrier

第2部
航空母艦編

空母先進国イギリスに倣って多段式飛行甲板を設置するも実用性に難あり

航空母艦加賀
Aircraft carrier IJN Kaga

ワシントン軍縮条約の締結により廃艦が決まった戦艦「加賀」。ところが本艦は関東大震災により損傷した巡洋戦艦「天城」に代わって空母として生まれ変わることとなった。しかし大型空母の建造経験のない日本海軍にとって本艦の設計は未知のものであり、その歩みは試行錯誤の連続だった。だが本艦で得られた知見はのちの空母設計に活かされ空母機動部隊の活躍へとつながる

要目　加賀（1928年）	
基準排水量	2万9500トン
全長	238.51m
全幅	31.67m
出力	9万1000hp
速力	26.7ノット
航続距離	6580nm/18ノット
兵装	50口径20cm連装砲×2
	50口径20cm単装砲×6
	45口径12cm連装高角砲×6
	13mm連装機銃×4
搭載機	60機

航空母艦加賀

■天災がもたらした「二度目の艦生」

「加賀」は、「赤城」と並んであまりに有名な日本海軍の艦隊空母だ。そのため、本艦の華々しい活躍や戦歴は、先行のあまたの労作において語り尽くされた感もある。そこでここでは、初期の頃の本艦にまつわる逸話を記してみたい。

第一次大戦後の日本海軍は、戦勝国の海軍として、海軍大国のイギリスや、強大な経済力をバックに海軍力の急速な増強を図るアメリカに負けまいと、戦力の充実に力を注いでいた。このような背景もあって、日本は早くから空母に着目しており、その研究と整備は重要課題のひとつだった。

前大戦であれほど航空機が活躍し、終戦直後には、アメリカ陸軍航空隊のウィリアム・ランドラム"ビリー"ミッチェルが対艦航空攻撃の実験により主力艦以下の軍艦を何隻も撃沈したにもかかわらず、旧来の大艦巨砲主義者たちは、相変わらず戦艦を重視していた。だが、先見の明に富んだ一部の海軍軍人たちは、逆に大艦巨砲はまさに「滅び行く恐竜」であり、航空主兵こそが、「新時代の海軍」の在り方だとすでに気付いていた。

しかしさすがの戦勝列強も、第一次大戦という史上初の国家総力戦の影響を引きずり、どの国も戦後財政には大きな負担がかかっていた。そこで、まだ航空機（い

「加賀」は1928年3月31日にまだ細部が未完成の状態で一応は竣工とされたあと、一時的に予備艦扱いのうえで工事が続けられた。写真は1928年11月20日、横須賀海軍工廠で撮影された1カットといわれる。飛行甲板のキャットウォークの直下を、舷側に沿って艦尾まで延びた巨大な煙突が目に付く。同様の煙突は反対舷にもあった。艦中央部付近の煙突の下には高角砲用プラットフォームが3個所設けられ、A2型連装砲架に架装された45口径10年式12cm高角砲6門が天を仰ぐ。また、同じく煙突下の舷側艦尾側の低い位置には、単装20cm砲のケースメートが3基並んでいる。

▲1925年に改装されたイギリス海軍の空母「フューリアス」。空母「加賀」は当時最新鋭の「フューリアス」を参考にして設計されたといわれる。すでに完成していた船体に航空機格納庫を設置し、二段式の飛行甲板を設けた部分などはよく似ている。乾舷の低い船体に巨大な構造物を載せた基本構造や格納庫後部の開口部（ここは一段下がった艦尾から収容した水上機を格納庫にいれるためのもの）なども同じだ。一方、同時期に建造されたアメリカ海軍の「レキシントン」級は同じイギリス海軍の空母「イーグル」（1924年就役）を参考にしたとされる。

わゆる戦略空軍など）が発展途上で外征（つまり戦略軍）の主流が海軍だったこの時代、当時の軍事支出の中で、どの国においてももっとも高額だった軍艦建造費の抑制と海軍維持費の圧縮が、経済面と世界平和の面で効果的と判断され、海軍軍縮条約が締結されることになった。

かくして1922年にワシントン海軍軍縮条約が結ばれ、各国ごとに定められた軍艦の保有隻数の都合で、建造中の戦艦や巡洋戦艦を破棄しなければならない国も生じた。もちろん、保有隻数の制限は戦艦や巡洋戦艦だけでなく空母にも及んでいたが、まだその実力が未知数の空母については規制条件が緩やかで、建造中の主力艦の一部を空母に転用してもよいという判断が下された。

そこでアメリカは「レキシントン」級巡洋戦艦の「レキシントン」と「サラトガ」の2隻、日本も「天城」型巡洋戦艦の「天城」と「赤城」の2隻、いずれもすでに建造中のものを、空母へと転用することになった。ところが1923年9月1日に起こった関東大震災により横須賀海軍工廠が被害を受け、建造中のネームシップ「天城」が大破。被害甚大だったため、修理せずに破棄することが決まった。

この事態を受けて、すでに1921年11月に進水していたものの、ワシントン海軍軍縮条約の締結により、標的艦に使用のあと、解体のうえ他艦の建造に利用される予定だった戦艦の「加賀」を、「天城」の代替として空母化することになった。

幸い、「加賀」はすでに神戸の川崎造船所から横須賀まで曳航されてきていたので、横須賀海軍工廠での空母化の工事への移行はスムーズだった。1923年11月、艦種登録が戦艦から航空母艦へと変更され、同年12月から実作業が開始されている。

かような次第で、天変地異という数奇な運命の大きな力により、「加賀」は、解体の瀬戸際から空母化という、第二の「人生」ならぬ「艦生」を歩むことになったのである。

■思惑違いの凡艦として完成

日本海軍は、世界で初めて最初から空母として設計された「鳳翔」を建造した経験を有していた。しかし、戦艦や巡洋戦艦を空母に改造した経験は皆無であり、事実上、そのノウハウを持っているのは空母発祥のイギリス海軍のみといえた。

当時、イギリス海軍は「フューリアス」に改修工事を施していたが、それはいわゆる多段式飛行甲板化と、艦橋や煙突といった飛行甲板よりも高い構造物が存在しないフラッシュ・デッキ化であった。

この時代の艦上機は揚力に優れた複葉機で、発艦速度も着艦速度も決して速くないうえ、合成風力を得ての発着艦が比較的容易に行えた。そこで運用の効率化という観点から、上下に重ねられた飛行甲板（多段式飛行甲板）により、発艦と着艦を同時に行ったり、それぞれの飛行甲板で戦闘機と攻撃機の同時発艦を行う

ことが考えられたのだ。

また、極端に表現すれば凧のように軽く速度も遅い当時の艦上機にとって、飛行甲板よりも突出した艦橋や煙突は、単に着艦進入時の邪魔になるというだけでなく、特に着艦に向けての低速進入中の操縦に悪影響を及ぼしかねない乱気流を発生させる可能性が考えられた。さらに、煙突からの高温の排煙が低温の外気と触れて起こる急激な温度変化によっても、危険な乱気流が生じかねない。

このような、当時としてはそれなりに合理的な理由から、「加賀」は「フューリアス」よりも飛行甲板が1段多い3段式飛行甲板を備え、重量がかさむ長大な煙路を配して、わざわざ艦尾から排煙するようにした。

だが、「空母の先輩イギリス」に倣ったこれらの配慮は、実際に「加賀」が就役してみると、意外にも思惑違い、あて外れの結果となった。

艦上機は、エンジン出力の向上にともなって急速に大型化、高速化、大重量化しており、とてもではないが3段式飛行甲板などを活用して発着艦できるような代物ではなくなってきていた。そしてこのような艦上機の発達が機体の安定性の向上をもたらし、過去の「エンジン付き凧」のごとき羽布張りの複葉機では問題視された、乱気流に対する改善策となった。

スペースの占有と重量の増加を覚悟して組み込んだ艦内煙路の延長は、逆に着艦進入経路の終末にあたる艦尾に乱気流を生じさせる結果となっただけでなく、煙路の艦内部分の周囲の高温化を招き、乗組員の居住性に著しい悪影響を及ぼしたと伝えらえる。一説では、煙路周辺の区画の気温は実に40度にもなったという。「フューリアス」の教訓だけでなく、日本での技術的研究成果も盛り込まれた「加賀」は、着工以来、実に約5年の歳月を経た1928年3月、まだ細部に未完成の個所を残しつつも、一応竣工扱いとされた。しかし既述のような問題を抱えての就役であり、残念ながら快作とは言い難かった。

一方、本艦と同様の経緯で巡洋戦艦から空母化され、一足早く就役していたア

航空母艦加賀

メリカの「レキシントン」級は、1段の長大な飛行甲板とアイランド艦橋を備え、近代空母の要件を最初から整えた姿でお目見えした。そしてその就役期間を通じて、「加賀」のような大改装を施す必要はまったく生じなかった。

なぜなら、ベースとなった巡洋戦艦時代の船体設計では、復元性の維持という問題で艦高を高くできない制約がかかっていたため、必然的に1段の飛行甲板が選択されたこと。それに加えて、アメリカは航空機発祥の国であり、海軍といえども航空機の黎明期からカーチスA1水上機などでその研究を進めていたので、将来の艦上機の大型化、高速化、大重量化をかなり正確に予見していたこと。

というわけで、いわば「レキシントン」級の成功の半分は、出自が巡洋戦艦で重心位置を上げられないがための、「怪我の功名」的に近代空母の要件が整ってしまった結果だという見方もできる。しかし、やはり艦上機の発達に関するアメリカ海軍の先見の明については、認めざるを得まい。

■大変身のあと「蒼い鉄火場」へ

「加賀」が抱えていた諸々の問題点を解決すべく、1934年6月から、佐世保海軍工廠で大規模な改修工事が約1年をかけて行われた。

この改修により、3段式飛行甲板はその最上段を残して中段と下段が廃止され、最上段を前後に延長することで、長大な1段式の飛行甲板とした。

問題が多かった煙突と排煙に関しては、煙路を大幅に変更。下向きの湾曲煙突を艦中央部の右舷側に突き出すデザインに改めた。

艦橋は、艦中央部よりもやや前部の右舷側に、必要最小限の規模の小さなアイランドを設けた。

さらに、外からは見えないが、艦内にも大きく手が加えられている。2段分の飛行甲板の撤去にともなって格納庫甲板が拡張され、それに合わせて、艦前部中央に航空機用エレベーターが1基増設されたのだ。

この大改装により、「加賀」は改めて「使える艦隊空母」としての評価を得ることになった。

とはいえ、日本海軍にとって初の大型艦隊空母の1隻であったことが、本艦の設計に試行錯誤をもたらしたのはやむを得ないといえる。

3段式飛行甲板の採用に関しては、目先の運用効率にとらわれて、艦上機の将来の発達を正しく予見できなかったせいだろう。煙突と排煙に関しては、良かれと思っての考えすぎ、凝りすぎで、かえってこじらせてしまったと思われる。

だが、同時期に同様の経緯で巡洋戦艦から改造された「レキシントン」級の完成度の高さと比較した場合、アメリカに国力で劣り経済力でも劣る日本が、せっかく完成した艦に対して、短期間のうちに再び大改修を加えなければならないという、時間とコストの「二重投資」をせざるを得なかった点は、反省すべきであろう。

とはいえ、「大整形手術」の結果、絶世の美女へと変身した日本海軍虎の子の「一人娘」は、やがて太平洋の「蒼い鉄火場」で、祖国の期待を担って栄光と破滅の壮絶なる生涯を送ることになるのだった。

加賀 1928年 空母改装時
戦艦から空母へと改装された「加賀」はイギリス海軍の「フューリアス」に似た構造だった。最下段の飛行甲板は小型機の発艦用とし中段には艦橋と20cm連装砲、上段は攻撃機発艦用兼着艦用としていた。当時の艦上機は航続距離が短いため同時に多数の機体を発艦したほうが攻撃力が増すと考えられたからだ。ただこれは航空機の急速な大型化により画餅に帰した。下段の甲板は発艦用にはほとんど使用されず、狭い上甲板しか発着艦には使用できなかったからだ。

日本海軍航空母艦加賀
フジミ1/700
インジェクションプラスチックキット
製作／細田勝久

「加賀」は煙突の配置も独特だ。中央部から飛行甲板に沿うように艦尾まで導かれた煙路は着艦時の艦上機のことを考えて設置されたものだが結果的にこれは失敗だった。煙路周囲は高温にさらされ乗組員の居住性に悪影響を与えたほか格納庫面積をも圧迫することとなった。

加賀 1935年 第二次改装時
空母へと改装された「加賀」はさまざまな問題点を抱えていたため短期間の運用ののち大規模な改装が実施された。上部飛行甲板は多段式空母時代に全長が短くて不便だったことの教訓から一転して艦首前方へと突き出し、さらに艦尾へも延長した長大なものとなった。これは逆に大型化した艦上機の重量を支えることに不安が感じられたためのちに艦首部の支柱が追加されている（模型写真は改装直後の状態で支柱は4本だが開戦時はこれを6本としている）。

日本海軍航空母艦加賀
ハセガワ1/700
インジェクションプラスチックキット
製作／細田勝久

巡洋戦艦から改装された「赤城」と異なり戦艦から改装された「加賀」は速力も遅かった。就役時の速力は26.7ノット。大改装時には機関出力と艦尾延長により28.3ノットにまで改善された。

日本海軍と死闘を演じたアメリカ海軍中型空母三姉妹
ヨークタウン級航空母艦
Yorktown-class Aircraft carrier

現在の目から見ると日本海軍に比べアメリカ海軍の空母設計は順調に進んだようにみえるが、軍縮条約時代のアメリカ海軍もその設計は試行錯誤の繰り返しだった。空母設計において先見の明があったという部分もあったが、偶然に左右された部分も多い。ここでは戦前型空母の成功例、「ヨークタウン」級について見てみよう

要目	ヨークタウン（1937年時）
基準排水量	1万9800トン
全長	247m
全幅	35m
出力	12万hp
速力	32.5ノット
航続距離	1万2500nm/15ノット
兵装	38口径5インチ単装両用砲×8
	1.1インチ4連装機関砲×4
	12.7mm単装機銃×24
搭載機	80～90機

就役からちょうどひと月後の1937年10月30日、ヴァージニア州ハンプトンローズに投錨中の『ヨークタウン』。艦首にはユニオン・ジャック（艦首旗）が翻っている。アイランド周りのデザインが、第二次大戦時のアメリカやイギリスの空母として機能的基礎がすでに完成されたものとなっている点に注目。ただしさすがにアメリカの航空関連の軍艦でも、この時期にはまだレーダーの類は装備されていない。艦首右舷のキャットウォークに設けられたケージ状のものは、艦首側からの着艦時に用いられる着艦管制所。舷側に設置されたスウィンギング・ブームとタラップの配置がよくわかる。塗装は敵から自らを隠蔽する必要のない戦間期の平時のもので、そのため積極的なカモフラージュ塗装ではなく、いわゆる「平時の軍艦の色」として欧米各国で用いられていた明るいグレー単色で塗られている。また、当時のアメリカ空母は艦尾に向けての離艦や艦首からの着艦も考えられていたことに加えて、平時であるため離着艦に際して艦上機からの視認を容易にする目的で、飛行甲板端部が目立つ黄色に塗られていた。

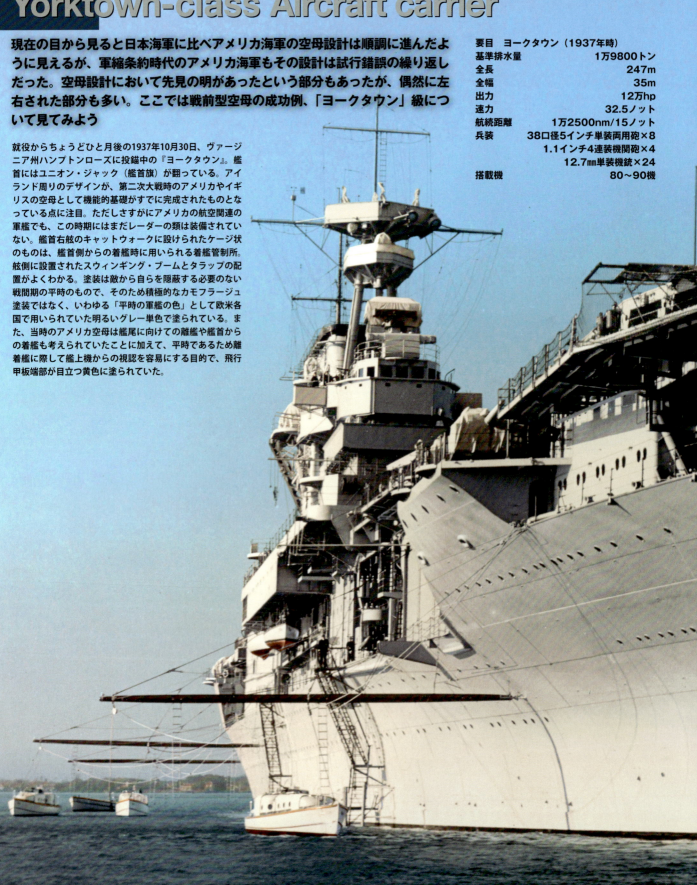

ヨークタウン級航空母艦

◀1937年ヴァージニア州ニューポート・ニューズ造船所で就役間近の「ヨークタウン」。飛行甲板の艦首、艦尾に「YKTN」の文字が見える。艦橋前後の1.1インチ4連装機関砲は未装備だがすでに5インチ両用砲は搭載されている。中央に見えるのは「ブルックリン」級軽巡洋艦の「ボイシ」。その奥ではもう1隻の「ヨークタウン」級空母「エンタープライズ」が建造中である。「ヨークタウン」は1937年9月、「エンタープライズ」は1938年5月に就役した。

■「ヨークタウン」級への道のり

アメリカ海軍における空母の歴史は、1922年に就役した「ラングレー」を嚆矢とする。同艦は、軍用艦船燃料が石炭から重油に移行したことでお役御免となり、退役が予定されていた給炭艦「ジュピター」を改造して誕生した。

この「ラングレー」を端的にいえば、給炭艦という貨物船の一種の上に、飛行甲板という平たい大きな板を1枚載せた構造だった。そのため、例えば巨人に飛行甲板を引き剥がされたとしても、設計上、船体そのものの強度は維持される。なお、同艦の飛行甲板の型式は、艦橋や煙突などの突出物が設けられていないフラッシュ・デッキであった。また、艦首部はオープン・バウで、格納庫甲板も開放式となっていた。

「ラングレー」に続いたのが、1927年に就役した「レキシントン」級の2隻だ。同級は、ワシントン海軍軍縮条約によって建造中止となった未完の巡洋戦艦を空母に改造したもので、「ラングレー」とはうって変わってハリケーン・バウに密閉式格納庫甲板を備え、飛行甲板も、艦の最上甲板として強度甲板の役割を与えられていた。加えて、右舷側に艦橋と煙突が突出しており、これをアイランドと称した。

しかも「ラングレー」と「レキシントン」級は構造面で異なるだけでなく、前者が空母としては小さく低速なのに対して、後者はきわめて大型で高速だった。そこでアメリカ海軍は次代の空母の設計時、この両者の構造面での運用比較上の経験を盛り込んだうえで、ワシントン海軍軍縮条約で定められた空母の保有許諾トン数の分割を「小型空母を多く」にするか「大型空母を少なく」にするかの選択に際して、海軍航空のすべてを掌る航空局が強硬に主張する前者の意見を採り入れた。

かくて既存艦の改造ではなく、アメリカ初の最初から空母として設計された「レンジャー」が、同海軍における「第三の空母の習作」として建造された。

しかし、この「レンジャー」のコンセプトは間違っていた。艦上機の発達速度は艦艇のそれよりもはるかに速く、高性能化と大型化の途を急速に辿っており、しかも1隻の空母が搭載できる艦上機の機数は多ければ多いほどよいということが、艦隊でのさらなる運用を通じていっそう鮮明になったのだ。かような事情から、結局のところ「大は小を兼ねる」「低速より高速が有利」という、軍用艦艇全般について普遍的に求められる要素が、空母にも当てはまることが明確化したのだった。

■戦前アメリカ空母の集大成

だがこのことは、事前にある程度予想できた。そのため「レンジャー」建造に際しての航空局の主張とは異なる、空母の直接的運用者である艦隊の要望などを盛り込んだ別案も検討が進められていた。

それが、基準排水量約2万トンの本級である。オープン・バウに開放式格納庫甲板、アイランドと艦上機急速発艦用のカタパルト、昇降用エレベーター3基を備え、30ノットを超える最大速力を発揮する本級は、「ラングレー」、「レキシントン」級、「レンジャー」と続いたアメリカ空母発達の系譜におけるひとつの集大成となった。

例えば密閉式格納庫甲板の場合、潮風が直接吹き込まないので艦上機を塩害から守れる反面、当時のベンチレーション技術では換気能力が不十分で、格納庫甲板内での艦上機のエンジン運転は困難だった。しかし開放式格納庫甲板なら換気の心配は無用なうえ、もし格納庫内部で爆発が起こっても、開放式の所以たる開口部から爆風が外に逃げるため、内部損傷を最低限に抑えられる。

また火災に際しては、可燃物や炎上した艦上機の残骸、溜まった消火用水などを容易に舷側から投棄できるという利点があった。しかも本級が就役した時期ともなると、かつてはフレームに羽布張りのため塩害に弱かった艦上機も、すでに全金属製に移行しており塩害に対する抗堪性が向上していた。

さらに3基の艦上機昇降用エレベーターはすべて同一のスペックで、飛行甲板が部分損傷した場合など、艦の前後どちらからでも発着艦ができるように飛行甲板を前部、中央部、後部と便宜的に分割し、この3ブロックがそれぞれ独立して運用できる位置に1基ずつ配されていた。

そして最大速力の速さも、艦上機発艦時の合成風力が得やすいだけでなく、空母を中心とする機動部隊の作戦行動の迅速化にきわめて有効であった。

まさに第二次大戦前のアメリカ海軍の空母技術の粋を集めたともいえる本級

ヨークタウン級航空母艦

は、まず同型艦2隻が建造された。ネームシップ「ヨークタウン」と2番艦「エンタープライズ」で、前者は1937年9月、後者は1938年5月にそれぞれ就役したが、本級はなかなかの成功作で、艦隊での評判も上々だった。そのためワシントン海軍軍縮条約が失効すると、アメリカ海軍は早速、基準排水量が約100トン重く、飛行甲板の全長も約4m長いものの、実質上は本級の3番艦となる「ホーネット」の建造に着手。太平洋戦争勃発2か月前の1941年10月に就役させている。

ところで、ワシントン海軍軍縮条約の失効は、「ホーネット」だけでなく別の空母も生み出すことになった。規制枠に縛られない条件下、好評の本級のコンセプトをしっかり継承しつつ、それまでのアメリカ空母の長所すべてを盛り込んだ包括的な設計が進められた。こうして誕生したのが、のちに同海軍の公式記録に「第二次大戦標準型艦隊空母」と記されるまでになる「エセックス」級だが、それはまた別の物語である。

■血塗れ"ビッグE"の受け継がれる栄光

太平洋戦争勃発時、アメリカ海軍最新の艦隊空母だった本級三姉妹は、パールハーバーで太平洋艦隊の主力艦群が大損害を蒙ったことに加えて、同海軍の空母不足により、絶え間なく戦場に駆り出された。特に1942年4月18日、「ホーネット」と「エンタープライズ」が遂行したドゥーリトル襲撃隊の日本本土初空襲は壮挙であった。

だが最前線で戦い続けるということは、栄光だけでなく血にも塗れなければならない。

まず1942年6月7日、太平洋戦争のターニングポイントとして知られるミッドウェー海戦において、"オールド・ヨーキィ"の愛称で親しまれた「ヨークタウン」が戦没した。同艦は同海戦の前の珊瑚海海戦において損傷。それをパールハーバー海軍工廠での突貫工事により、わずか3日で応急修理を終えての参戦だった。続いて同年10月27日、サンタクルーズ諸島海戦において、"スティンガー"の俗称でも呼ばれた「ホーネット」も戦没。

かくて三姉妹中唯一、白刃を掻い潜って終戦まで生き残ったのは、"ビッグE"の愛称で知られた「エンタープライズ」のみだった。しかも同艦も度々損傷を蒙って満身創痍、その修復とさまざまな改修も含めて、「第二次大戦中もっとも工事が多かった空母」と称されたが、同時に「第二次大戦中もっとも叙勲された殊勲の空母」ともなっている。

その後、この栄光ある艦名は、1961年にアメリカ海軍が世界で初めて就役させた原子力空母に引き継がれ、1966年には、のちに大好評を博することになる長寿SFストーリー「スタートレック」の主役艦の艦名にもなった。そして2012年12月の「原子力空母エンタープライズ」の退役式典において、2020年代半ばに就役予定の同海軍最新の原子力空母「ジェラルド・R・フォード」級の3番艦を、「エンタープライズ」と命名するということが発表されている。

とはいえ、栄光と名誉は"ビッグE"ただ一艦だけのものではない。太平洋戦争の緒戦での空母不足を一身に受け止めて南溟の碧淵に逝った2隻の姉妹もまた、アメリカ海軍の誇りであることに変わりないのだ。

1942年6月5日、ミッドウェー海戦で日本海軍の南雲艦隊に襲いかかったアメリカ空母部隊は「赤城」「加賀」「蒼龍」を撃沈することに成功した。しかし、ただ1隻残った「飛龍」は単艦で反撃に転じ「ヨークタウン」を撃破。写真は「飛龍」艦爆隊の攻撃を受けた直後の「ヨークタウン」。爆弾3発が命中し煙路が塞がれたため黒煙が吹き出している。このあと「飛龍」艦攻隊、伊168潜水艦の雷撃などを受け、「ヨークタウン」は戦没した。

ヨークタウン
1942年 ミッドウェー海戦時

「レキシントン」級では密閉式格納庫を採用したが「ヨークタウン」級では再び開放式格納庫となった。ダメージコントロールの上でもこの選択は有利で以後のアメリカ空母は開放式格納庫となった。

艦橋は煙突と一体とされて右舷中央部にまとめられた。このアイランドスタイルはのちの「ワスプ」や「エセックス」級へと引き継がれる。「レキシントン」級よりも煙突が小さいのはより高温高圧のボイラーを採用したためである。

アメリカ海軍空母ヨークタウン
トランペッター 1/700インジェクションプラスチックキット
製作／村田博章

「ヨークタウン」級は飛行甲板に3基のエレベーターを設置していた。これは日本海軍の空母と同じだが次の「ワスプ」からは中央部のエレベーターを舷側エレベーターとし、その結果を受けて「エセックス」級でも舷側エレベーターとした。飛行甲板にエレベーターの穴を空けることは防御上不利であり数が少ないほど望ましい。ちなみに戦後のアメリカ空母はすべて舷側エレベーターとなった。

設計の優秀さと建造数、質量ともに日本海軍を圧倒した艦隊空母の決定版

エセックス級航空母艦
Essex-class Aircraft carrier

その建造数から日本海軍を「数において圧倒した」とされる「エセックス」級空母。しかし本級は量産性だけが優れていたわけではない。質の面でもライバルたる日本海軍の空母を圧倒していた。太平洋戦争を制した原動力、「エセックス」級空母の設計とその戦歴についてご紹介しよう

当初は1艦建造の予定で設計されたため、量産性がまったく考慮されていなかった大型の艦隊空母だったにもかかわらず強引に量産へと持ち込み、のちにアメリカ海軍自らが第二次大戦時の「標準型艦隊空母」と表すようになった「エセックス」級艦隊空母の記念すべきネームシップ、「エセックス」。1942年12月31日の就役後、訓練中だった1943年2月1日にヴァージニア州ハンプトンローズで撮影されたワンカットである。主として航空機からの発見を困難にする目的で開発されたメジャー11を、パイロットらの意見を参考にしてさらに改良したメジャー21で塗装されている。フォアマストのプラットフォーム上には対空捜索用SKレーダーの巨大なアンテナが、また、同マストトップには水上捜索用SGレーダーの小さなアンテナが確認できる。世界で初めて本級で採用された大型サイドエレベーターは折り畳まれた状態になっているが、このギミックは、荒天時にエレベーター・パネルが波浪に叩き上げられエレベーターのメカニズムそのものが損傷するのを防いだり、他艦との並走時に衝突を避ける目的で組み込まれた。訓練中でまだ満載とはなっていないため喫水が高い。

要目	エセックス
基準排水量	2万7100トン
全長	267.6m
全幅	28.4m
出力	15万hp
速力	33.0ノット
航続距離	1万6900nm/15ノット
兵装	38口径5インチ連装両用砲×4
	38口径5インチ単装両用砲×4
	40mm4連装機関砲×8
	20mm単装機銃×46
搭載機	80～100機

エセックス級航空母艦

■その名は「エセックス」

アメリカ海軍はネーヴァル・ホリデーの期間中、その制限のなかで、当時のアメリカ空母の集大成ともいえる「ヨークタウン」級2隻を建造。のちにはエスカレーター条項の適用により、小改良を加えた改「ヨークタウン」級ともいうべき「ホーネット」も建造された。そして、同条項で認められていた残りの排水量で「ヨークタウン」級を凌駕する性能を備えた新設計の空母を建造することになり、その研究は1938年中頃から海軍艦船局でスタートした。

ところが1939年9月に第二次大戦が勃発して軍縮条約が消滅すると、改めて「縛り」のない条件下で「ラングレー」から「ホーネット」に至る空母各艦の長所のすべてを盛り込んだ、包括的な設計へと発展。満を持して誕生したのが、基準排水量2万7100トンの「エセックス」級であった。

本級は基準排水量でこそ、それまでアメリカ海軍でもっとも「重い」空母だった約3万6000トンの「レキシントン」級に劣るが、元来が巡洋戦艦として起工された後者の場合、空母に設計変更したとはいっても、巡洋戦艦の名残ともいえる不要な重量から生じた無駄な排水量も多かった。これに対して、「エセックス」級は最初から空母専従の設計で、重量的な無駄はまったく生じていない。

そのため「レキシントン」級よりも約9000トンも軽いにもかかわらず、「空母の命」ともいえる飛行甲板のサイズで比較すると、全長は「レキシントン」級の約268mと同じで、最大全幅に至っては「レ

41

◀「エセックス」級空母5番艦の「イントレピッド」。広くとられた飛行甲板の形状がよくわかる。艦橋前の左舷側に航空機係止用張り出し桁を設置しており、そこにF6F戦闘機を係止している。舷側エレベーターの採用なども少しでも飛行甲板を広く使うための工夫ともいえる。ただし本艦は左舷側飛行甲板に切り欠きがあった。この切り欠きは射撃指揮装置の視界確保のために設けられたものだが航空機運用の上で不便なためのちの改められている。本艦は1944年2月17日のトラック島空襲で陸攻による夜間雷撃により魚雷1本が命中し損傷した。また特攻機の攻撃も4回受けているが沈没することなく終戦を迎えている。

キシントン」級の約40mに対して約45mと、逆に本級のほうが幅広である。しかも「レキシントン」級の飛行甲板は、艦首に向けてテーパーがかけられたように先細りになっているため、面積的には本級の飛行甲板のほうがいっそう広かった。こういったところに、戦前からの蓄積された研究の成果が表れているといえよう。

■量産に向けての努力

既述のごとく、当初「エセックス」級は1艦のみを建造する予定だった。ところが、第二次大戦が勃発すると建造隻数は一挙に11隻へと増やされ、さらに1941年12月のアメリカの参戦後、段階的に建造隻数が上積みされて、最終的には32隻もの多数が要求される事態に至る。巨大な艦隊空母をこれだけの隻数量産しようという発想には驚かされるが、さすがのアメリカといえども、戦時増産体制にシフトした結果、大型艦が建造可能な国内のドックやスリップは満杯の状況となっていた。

そこで打たれた手が、それらの大規模造船施設にドックやスリップを増設するというものだった。「エセックス」級の建造にかかわった造船施設は、民間ではニューポート・ニューズ造船所とベツレヘム造船所、海軍工廠ではニューヨーク、フィラデルフィア、ノーフォークの3廠の計5施設だったが、全体で実に10ものドックやスリップが増設されている。も

ちろん、空母が建造可能なサイズであればより小型の艦も建造できるため、空母を造ったあとは遊休設備になるという心配もなく、第一、「エセックス」級の建造は結局のところ終戦まで続いたので、「手空き」になる余裕など生じなかった。

これらの造船施設の稼働により、第二次大戦中に17隻、戦後に7隻の「エセックス」級が竣工した。ネームシップの「エセックス」の就役が1942年12月なので、以降、終戦までの実質2年8カ月の間に16隻が完成したことになる。単純計算では2カ月ごとに1隻の本級が完成したわけだが、実際には、アメリカの巻き返しが始まった1943～44年にかけて集中的に就役している。1隻あたりの平均工期は約1年半なので、これらの数字からも、何隻もが並行生産されていたことがわかる。

なお、戦争の終結により2隻が建造途中で工事中止となり、6隻は建造そのものが中止となったが、部分的な改修個所もあるとはいえ、同型の艦隊空母24隻の量産は比類なきギネス的記録である。

実は当初、1艦のみの建造予定だった「エセックス」級には、マスプロ化に対応するような設計上の配慮はほとんどなされておらず、かろうじて5インチ砲塔ユニットやエレベーター・ユニットが規格化されていた程度だった。だが32隻もの量産が決まると、各造船所単位で、建造予定の隻数に合わせて、例えば艦橋構造物のモジュラー生産、機関砲座や一

部のキール、一部の外板などを事前生産するなどしている。

このような建造手法を可能ならしめたのは、ひとえに工業先進国アメリカならではの、公差が少ない工作精度の高さのおかげであった。

■優れた防御力で戦没艦なし

「エセックス」級のなかには「フランクリン」や「バンカーヒル」のように日本軍の攻撃で大破した艦もあったが、抗堪性の高さとアメリカ海軍の優れたダメージ・コントロール能力の相乗効果で1隻の戦没艦も生じていない。そんな本級の防御とは、どのようなものだったのだろうか。

まず水平防御である。飛行甲板は非装甲だが、格納庫甲板床面には1.25インチ厚の装甲板を2枚重ねにした装甲が施されており、その3層下の第4甲板床面にも1.5インチ厚の装甲板が張られていた。これらは主に爆撃対策で、合わせて開放型艦首と部分開放式の格納庫が採用された。その理由は、敵弾が命中すれば飛行甲板を貫徹し、「可燃物」である航空機多数が収められた格納庫で炸裂して被害が生じることになる。ならば、被害を最小限に止め、いかに素早く復旧させるかに主眼を置くべきではないか、という考え方に基づく。

これは「ヨークタウン」級から「エセックス」級へと受け継がれた考え方で、簡単にいえば、「土台」となる装甲された格納庫甲板の上に「屋根」である非装甲の飛行甲板を被せ、「壁」である格納庫側壁の随所に巨大な開口部を設けて、そこをシャッターで塞いだ部分開放式とする。こうすることにより、敵弾が格納庫内で炸裂しても、吹き飛ばされやすいシャッターしか降ろされていない側壁の

エセックス級航空母艦

◀損傷し黒煙をあげる「バンカーヒル」。1945年5月11日に2機の特攻機の突入により火災が発生、搭載している航空燃料や爆弾にも引火し、炎上大破した。ただし火災は上部構造物を破壊しただけで船体にはほとんど損傷がなく本国まで帰還することができた。手前は空母部隊を援護していた戦艦「サウスダコタ」。「エセックス」級空母では「イントレピッド」(合計4回)、「フランクリン」(2回)、「レキシントンII」、「エセックス」、「ハンコック」(2回)、「タイコンデロガ」、「ランドルフ」、「ワスプII」、「バンカーヒル」が特攻機の攻撃を受けた。9隻で合計14回の攻撃を浴びたが、沈没した艦はなかった。

開口部から、爆風を外に逃がしてしまおうというわけだ。しかも、消火活動によって格納庫内に溜まる大量の水を排出したり、消火後に艦上機の残骸などを海に「掃き捨てる」にも、部分開放式の側壁は有利である。

また、アメリカ海軍は空母に対する魚雷による被害を特に警戒していた。たとえ飛行甲板を穴だらけにされても、浸水がなく火災を制圧できれば空母は沈まないが、水線下に穴を開けられて浸水すれば、ほかに損傷がなくても沈むからだ。ゆえに本級では、舷側の水線直下に4インチ厚の装甲帯が10フィートの幅で装着されており、船体内部の水線下には、舷側を直撃した魚雷の炸裂を吸収させるため、4層の防御用縦隔壁が設けられていた。

部位によってはこの4層のうちの外側2層が重油タンクとなっていたが、重油は燃えにくいので被雷時に火災が発生する心配はほとんどなく、たとえ破孔から船外に流出しても、重油と海水が入れ替わるだけなので被雷時の艦体の傾斜をさほど心配しなくてもよい。

一方、艦底通過時に炸裂する磁気信管付き魚雷への対策として、艦底部は3重底となっていたが、防御用縦隔壁の場合と同様の理由で、部位によっては3重底のもっとも外側が真水タンクであった。加えて、浸水範囲を最小限に抑えるべく、水密区画は可能な限り細分化されていた。

機関部もまた、抗堪性を高めるためにシフト配置が採用されていた。補機室、缶室、機械室の各室を前部ブロックと後部ブロックの2組に分け、前部ブロックのほうで全4軸のうちの外舷の2軸を、後部ブロックのほうで内舷の2軸をそれぞれ駆動させていたため、どちらかのブロックがやられても、推進力の半分が残るという利点があった。

生産性と防御力に優れた「エセックス」級は、アメリカ海軍により第二次大戦時の「標準型艦隊空母」に位置付けられるとともに、戦後も各種の改造、改修を施されて長らく現役の座に在った。

そんな「彼女たち」の最後の1艦、「レキシントンII (CV-16)」が表舞台を去ったのは、実に1991年。1943年の竣工以来、48年目のことであった。現在はテキサス州コーパスクリスティで、記念艦としての余生を過ごしている。

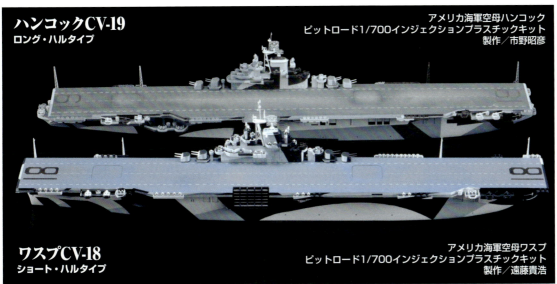

ハンコックCV-19 ロング・ハルタイプ
アメリカ海軍空母ハンコック
ピットロード1/700インジェクションプラスチックキット
製作/市野昭彦

ワスプCV-18 ショート・ハルタイプ
アメリカ海軍空母ワスプ
ピットロード1/700インジェクションプラスチックキット
製作/遠藤貴浩

◀「エセックス」級は大きくわけて初期のショート・ハルタイプと後期のロング・ハルタイプにわけることができる。「エセックス」は「ヨークタウン」級の反省から艦首方向からの空襲に対して40mm四連装機関砲を1基搭載していたが、これは飛行甲板の前端に射界が遮られる上に数も不足とされた。そこで後期建造艦では艦首を延長(水線長は同じ)して、40mm四連装機関砲を2基搭載し、前上方への射界も確保した。

要目	カサブランカ
基準排水量	7800トン
全長	156.2m
全幅	19.89m
出力	9000hp
速力	19ノット
航続距離	1万200nm/15ノット
兵装	38口径5インチ単装両用砲×1
	40㎜連装機関砲×8
	20㎜単装機銃×20
搭載機	28機

カサブランカ級護衛空母44番艦「クェゼリン(CVE-98)」。当初「ブキャレリ・ベイ」の艦名を与えられていた本艦は1944年6月7日に就役。訓練を終えたあとの同年7月19日、初陣でカリフォルニア州ロサンゼルスのサンペドロを出港してニューヘブリディーズ諸島のエスピリトゥサント島へと向かったが、これは同日に撮影されたワンカット。この航海では本艦は補充用艦上機や補充兵員を満載したが、飛行甲板上のヴォートF4Uコルセア艦戦と艦尾にまとめられたグラマンTBFアヴェンジャー艦攻のどちらにも、部隊標識や隊内識別番号などが描かれておらず新品の機体であることがわかる。以降、本艦は太平洋戦域において終戦まで航空機運搬艦として艦上機の補充任務に従事した。護衛空母ならではの横幅が狭い艦橋の上部の円形アンテナはSK-2対空レーダーのもの。その後方にはYEホーミングビーコンのアンテナも見える。長期の洋上輸送に向けて、F4UやTBFの機首カウリング開口部はエンジンを塩害から守るためターポリン製保護カバーで覆われ、飛行甲板前端には遮風柵が立てられている。

🇺🇸 護衛空母カサブランカ級

アメリカの工業力の底力を見せつけた量産型護衛空母

護衛空母カサブランカ級
Casablanca-class Escort aircraft carrier

工業大国アメリカを象徴する護衛空母。その中でも同型艦50隻を擁する「カサブランカ」級護衛空母の存在は圧倒的だ。"ジープキャリアー"、"ベビーキャリアー"と呼ばれた本艦だったが史上最大の海戦、レイテ沖海戦では日本海軍水上部隊を相手に勇戦している。ここではアメリカ海軍における護衛空母の歴史の中で本艦の占める位置づけについて見てみよう

■護衛空母出現の背景

1939年9月1日に第二次大戦が勃発すると、空母はその威力を早々に発揮した。例えばタラント軍港空襲や戦艦ビスマルク追撃戦など、戦前から一部の海軍航空関係者が推察していたように、艦上機による洋上航空作戦がきわめて有効であることが実証されたのだ。加えて、ドイツ海軍が多用するUボートに対し、対潜哨戒に投入されたイギリス艦上機は決定的な切り札となった。

ところが、隻数が少ないうえ建造にも時間がかかる虎の子の艦隊空母数隻が緒戦において撃沈され、イギリス海軍は窮地に立たされた。そこで同海軍は、かつて空母の黎明期に商船を改造して空母を生み出した経験に基づき、商船に最低限の改造を施した艦種を護衛空母として就役させた。しかしイギリスの国力では、「必要とされる時に必要とされる数」の護衛空母を揃えるのは不可能だった。

一方、第二次大戦参戦前のアメリカは、すでに戦争の渦中にあるイギリスに観戦武官や交換将校らを送り込んで戦訓を吸収すると同時に、求めている援助用兵器のリクエストも集めていた。なぜなら「求めているイコール不足している」わけで、当該の兵器の戦時下での消費が大きいゆえに不足するという理屈なため、もし参戦が迫ったなら、イギリスの例に基づいて不足した兵器をあらかじめ多数準備しておけばよいことになるからだ。

かような次第で、イギリスのリクエストやアイデア提供によってアメリカが量産した各種兵器のうちの艦艇には、護衛駆逐艦、LST、LCT、PTボートなどがあるが、護衛空母もそのひとつであった。実はこの件には、のちに太平洋戦域で大活躍するウィリアム・ハルゼー提督が深

45

◀「カサブランカ」級護衛空母16番艦「ファンショー・ベイ」。1944年1月17日、航空機を甲板に満載した輸送任務中の姿をとらえた一葉。飛行甲板には陸軍機であるA-20攻撃機やP-38戦闘機、P-47戦闘機などが見える。本艦が旗艦を務める第77任務部隊第4群第3集団(タフィ3)は1944年10月、サマール島沖で栗田艦隊と戦った。この海戦でアメリカ側は「ガンビア・ベイ」と駆逐艦、護衛駆逐艦各1隻を失うが、日本海軍も護衛空母部隊の反撃により重巡洋艦「鳥海」「鈴谷」「筑摩」の3隻を失っている。

く関与していた。彼はヨーロッパ戦域におけるイギリス海軍の戦訓とニーズを詳細に観察研究しており、1940年12月、時の海軍作戦部長ハロルド・スターク提督に意見を上申。それは、アメリカが参戦した場合は空母戦力の急速な拡張が必須であり、その一環として、商船を改造した補助空母の建造を考慮すべきという内容だった。

当時、スタークはアメリカも近々に参戦せねばならなくなると見込んでおり、海軍兵力の急速な増強に腐心していた。そしてそれに絡んで、イギリス海軍との秘密協議を通じて、アメリカの参戦前に対潜掃討戦隊の編成を決めていた。そこで彼は合衆国艦隊司令長官アーネスト・キング提督にハルゼーの案件を示し、キングはそれを時の大統領フランクリン・ルーズヴェルトに報告した。かつて海軍次官を務め、"ネーヴィーブラッド"(※)を自負していたルーズヴェルトは空母の重要性を理解しており、この案件を強く支持。かくて商船を空母に改造する計画は、急速に推進されることとなった。

■重要だった海事委員会標準船型

アメリカが参戦する約半年前の1941年6月、同国初の商船改造空母「ロングアイランド」が完成した。同艦は海軍が買収した既存のC3型貨物船「モーマックメイル」を改造したもので、以降の量産に際してのテストケースであった。また、姉妹艦ともいえる「アーチャー」はイギリスに供与された。

ところでアメリカ海軍では、当初の1942年2月には商船改造の空母を航空機搭載護衛艦(Auxiliary Aircraft Escort Vessels:艦種記号AVG)と称していたが、1942年8月に補助空母(Auxiliary Aircraft Carrier:ACV)へ、さらに1943年7月には護衛空母(Escort Aircraft Carrier:CVE)と改名し、これが最終名称となった。このような経緯から、「アーチャー」にはアメリカ海軍内でイギリス向けであることを示す頭文字である「B」が付いた艦種記号のBAVGと、1隻目であることを示す「1」の数字があてがわれ、BAVG-1の艦籍番号を付与された。

この2隻の直後に登場したのが、C3-C&P型貨物船から改造された「チャージャー」である。実は同艦はイギリス向けの「アヴェンジャー」級4隻のうちの1隻で、商船改造空母の評価用としてイギリスから早々に返却されたのだった。

「ロングアイランド」に「チャージャー」というアメリカ海軍にとっては習作ともいえる商船改造空母が続いたあと、本格的に量産されたのがC3-S-A1型商船から改造された「ボーグ」級である。同級は前半の20隻と後半の24隻で細部の仕様が異なるため、後者を最初の1艦の艦名にちなんで「プリンス・ウィリアムズ」級と分けることもある。そして両級合計44隻が造られたうち、実に33隻がイギリスに供与された。

ところで、「ボーグ」級の前半はC3-S-A1型商船が4隻不足したため20隻しか揃わなかったのだが、これを埋めるべくT3型タンカー4隻が改造されて「サンガモン」級と称された。なお、C3-S-A1型とかT3型とかいった名称は、アメリカ海事委員会が認定した標準船型と呼ばれるもので、船体構造や機関システムなどの規格化により民間船舶の軍用への転用を容易にすべく定められた。ちなみに第二次大戦終結の時点で、約50もの船型が制定されていた。

■皇帝(カイザー)のジープ・キャリアー

さて、ここまでに紹介した各級のうち、「プリンス・ウィリアムズ」級の24隻だけが最初から空母として建造されたものであり、残りは既存船の改造か建造途中での転用であった。そこで「ボーグ」級の改造作業が軌道に乗った1942年、海軍艦船局は、次期護衛空母の計画案をまとめていた。

これにかかわったのが、実業家ヘンリー・カイザーである。その名のごとく皇帝か独裁者のようにビジネスに辣腕で、戦前はダム工事など巨大インフラ建設事業に関与。第二次大戦が勃発すると、7か所もの造船所を開設して戦時特需のリバティー・シップやLSTの建造を手がけていた。そこでカイザーは、自社の造船所で実績を上げていたプレファブリケーション(プレハブ)工法と溶接工法を背景にして、1942年6月2日、新しい護衛空母の量産案を提示。もし海軍が計画を承認してくれれば、過去に自社造船所で記録的なスピードをもってリバティー・シップやLSTを建造したのと同じく、向こう半年間で30隻以上の護衛空母を建造してみせると豪語した。

しかし艦船局は、カイザー社に空母の設計や建造の実績がないことから計画を却下。そこでカイザーは戦前のダム建設など国策事業に関連して旧知の間柄であったルーズヴェルトに面会して直接計画を説明し、海軍側の指導に従うという条

※ネーヴィーブラッド=ルーズヴェルト大統領は1913年、ウィルソン大統領時代に海軍次官を務めて以降、海軍贔屓として知られるようになった。大統領就任後もそれまでの共和党政権の抑制された建艦計画から一転して海軍増強へと乗り出した。

護衛空母カサブランカ級

件付きで承認をとりつけた。かくて、一民間実業家が提案した護衛空母量産計画が現実のものとなったのである。

　この計画では50隻の建造が予定され、まず4隻を1943年2月までに、そして残りも1943年中に完成させるというハイピッチなものだった。船型はP1型高速商船をベースに、操船性が向上する双軸推進や生産の簡易化に有効なトランサム・スターン、さらに抗耐性向上のため本来なら軍艦向けである主機のシフト配置などが盛り込まれ、便宜的にS4-S2-BB3型という海事委員会標準船型が付与された。

　こうして「より軍艦らしく」なった本級は、1番艦にちなんで「カサブランカ」級と称されたが、時に生みの親の名を冠して「カイザー」級と呼ばれることもある。しかし彼自身は、ベビー・キャリアーの呼称を好んだという。

　建造に際しては、予定通りカイザー社お得意のプレハブ工法と溶接工法が駆使された。プレハブ工法とは、例えば艦首なら艦首、アイランドならアイランドをあらかじめ別個に量産し、それをドックで結合させる建造方式で、要はプラモデルをつくるようなものだ。ただし接着剤の代わりに溶接を用いるのだが。この二つの工法の導入により、従来のドックで1隻ずつ細部から組み上げて行く手間とリベット接合の手間が両方とも省略できたことが、短期間での量産を可能としたといえる。

　もっとも、初期には溶接個所に不具合が生じた例もあり、そのせいで「カイザー製の空母は悪天候に遭うと強度不足でぶっ壊れる」という悪口を言われたこともあった。

　初期の数隻で建造のノウハウを現場が吸収し、軌道に乗ったあとは次第に建造スピードが速くなり、実に1週間ごとに1隻が完成した。もっとも、ゼロから立ち上げて1週間で完成するというわけではなく、あらかじめ何隻も並行建造しているので見かけ上で週に1隻が完成するのであり、特定の1隻に目を向ければ、ゼロから完成まで100日前後の日数がかかった。しかし、それでもわずか100日である。かくして1943年末までに50隻全艦を完成させるという予定は約7か月遅延したが、この遅れを取り戻すべくカイザーは何事も急がせた。そのため"Hurry up Henry（せかし屋ヘンリー）"の渾名を奉られたという。

　こうして完成した「カサブランカ」級50隻は、いずれもアメリカ海軍で運用され、大西洋戦域では、同じくプレハブ工法で造られた護衛駆逐艦数隻を従えた「プレハブ護衛空母戦隊」の旗艦として、船団護衛やUボート・ハントに大活躍した。特に第22.3任務群の旗艦「ガダルカナル」は、護衛駆逐艦群を率いてU505を戦闘中に鹵獲するという前代未聞の大戦果をあげている。

　また太平洋戦域では、水陸両用戦における対地航空支援の主力として、複数のカサブランカ級から成るいくつもの任務群が活動。艦隊空母機動部隊を機動部隊同士の戦いや、より攻撃的な航空攻撃に専念できるよう下支えした。ほかにも大西洋戦域と同じく「プレハブ護衛空母戦隊」を編成して対潜掃討任務に従事したり、海軍機のみならず陸軍機をも輸送する航空機運搬艦としても重宝された。

　このような八面六臂の万能ぶりから、本級はジープ・キャリアーまたはカイザーズ・ジープといった渾名で呼ばれることもある。わが国では、ジープといえば汎用小型4輪駆動車の名称として知られており、一部で同車の万能ぶりにちなんで本級にこのような渾名が与えられたと言われることもある。だが実は、戦前からのアメリカの人気漫画「ポパイ（Popeye the Sailorman）」に登場する、どこにでも行けて何でもできる架空の動物の名がJeepであり、陸軍の小型車はこれにちなんで命名された。そして本級の場合も、小型車のほうではなく「元祖ジープ」にあやかっての命名である。

　飛行甲板が求められるあらゆる任務に従事した働き者の「カイザー50人姉妹」のうち、第二次大戦の業火に焼かれて碧淵にその身を没したのは1割におよぶ5隻。戦後、彼女たちの多くはモスボールされたが、ヘリコプター護衛空母や特務空母、航空機運搬艦として、一部の艦は1960年代半ばまで運用された。

ガンビア・ベイ
1944年 サマール島沖海戦時

アメリカ海軍の護衛空母が日本の商船改装空母よりも活躍できた最大の要因はカタパルトの開発成功による。これによって小型低速の護衛空母でも大型の艦上機を運用することができた。

「カサブランカ」級は量産を急ぐためレシプロ機関を搭載したがこれは整備に手間がかかるため評判が悪く次の「コメンスメント・ベイ」級では再び蒸気タービン機関へと変更されている。機関は「カサブランカ」級の数少ない欠点のひとつだった。

アメリカ海軍護衛空母ガンビア・ベイ
Sモデルジャパン1/700
インジェクションプラスチックキット
製作／真田武尊

「カサブランカ」級は商船改装艦ではなく最初から軍艦として設計された船体を使用している。すでに商船として船体が完成していたものを転用した「ボーグ」級では格納庫甲板が傾斜しているなど不便な部分も多かった。「カサブランカ」級では船体設計が改められこれらの欠点は解消されている。

エセックス級に続いて建造されたアメリカ海軍はじめての"装甲空母"

ミッドウェー級航空母艦
Midway-class Aircraft carrier

要目　ミッドウェー（1945年）	
基準排水量	4万5000トン
全長	274.3m
全幅	41.45m
出力	21万2000hp
速力	33ノット
航続距離	1万5000nm/15ノット
兵装	54口径5インチ単装砲×18
	40mm四連機関砲×21
	20mm単装機関砲×28
搭載機	136機

ミッドウェー級航空母艦

第二次大戦中、量産された「エセックス」級空母は完成度の高い設計だったが、軍縮条約の制限下だったため防御力には不満があり、とくに飛行甲板に装甲が施されていない点が問題とされた。そういった防御力の不満を解消するべく建造されたのが第二次大戦最強の空母「ミッドウェー」級である。本級は第二次大戦には間に合わなかったが戦後、改装を受けながら長期間運用されその基本設計の正しさが証明された。ここでは本級が誕生した経緯とその後の運用について紹介しよう

終戦後の1945年晩秋、ニューヨークで撮影された「ミッドウェー」。どうやら艦内公開日らしく、飛行甲板上には複数の民間人の姿が見受けられる。"ネイヴィブルー・システム"の別名で知られるメジャー21で塗装されているが、このカモフラージュは航空機からの発見と正確な位置の捕捉を幻惑させる効果が高いとして、日本の航空体当たり攻撃から身を守るのにもっとも効果的と判断されていた。オープンバウの先端には4連装ボフォース40mm機関砲2基が左右並列で装備されているが、これは艦首方向の平面半円弧内から日本の航空体当たり攻撃が加えられることが多いという戦訓に基づき、「エセックス」級に施された戦時改修を最初から採り入れた措置である。同様の理由で艦首側面のキャットウォーク先端、ギャラリーデッキ・レベルに設けられた銃座には、単装エリコン20mm機銃5挺がずらりと並んでいる。また「エセックス」級のように艦橋の前後に5インチ砲塔を配すると、艦上機の離着艦作業時に左舷側平面半円弧への射撃ができないため、本級では左右の舷側に堅固なスポンソンを設けて、そこに単装5インチ砲塔を直列で配した。

●新造時の姿を留めた2番艦「フランクリンD.ルーズベルト」。艦橋前後の5インチ連装砲などはないものの空母としてのレイアウトは「エセックス」級とよく似ている。サイドエレベーターの前後に並べられた54口径5インチ単装砲は従来のものよりも高性能だったが重量も重かったため飛行甲板よりも低い位置に設置せざるを得なかった

■アメリカ海軍初の装甲空母

　海軍軍縮条約下のいわゆる"ネーヴァル・ホリデー"も明け、前年にはヨーロッパで第二次大戦が勃発した1940年、アメリカ海軍は、「エセックス」級に続く新しい艦隊空母のプランニングに着手した。それまでのアメリカ製艦隊空母は、装甲を施した格納庫甲板を強度甲板とし、その上に格納庫の「屋根」ともいうべき非装甲の飛行甲板を載せた構造で、格納庫自体も開放式であった。

　これに対し、新型空母では新たな試みとして飛行甲板の装甲化が考えられていた。飛行甲板が装甲化された空母を通称で装甲空母と呼ぶことがあるが、その嚆矢となったのが、イギリス海軍の「イラストリアス」級である。同海軍は、北海やバルト海、地中海のように陸上機の行動圏となる海域で活動しなければならないことを想定して、装甲空母の建造に踏み切ったのだった。そして1937年に「イラストリアス」級が起工されると、アメリカ海軍も装甲空母にかんする基礎研究に着手している。

　1941年12月に太平洋戦争が始まると、アメリカ海軍は「エセックス」級の量産を決定。のちに同海軍が「標準型艦隊空母」と称するようになる同級は、それまでの空母運用実績に基づくニーズのほとんどが反映されており、艦隊側としては、とりあえず満足のいく艦に仕上がっていた。そのため、戦闘で失われた空母の可及的速やかな補充と、いくらあっても多いということのない空母不足の解消に向けて、史上空前の短期量産が図られた。

　かくて使い勝手のよい「エセックス」級を一刻も早く、1隻でも多く配備してほしい艦隊側は、太平洋戦争前半の戦況下では新型の艦隊空母にさほど食指を動かさなかったというのが実情だった。

　それに輪をかけたのが、開戦以来の戦訓である。戦没した艦隊空母の「レキシントン」、「ヨークタウン」、「ホーネット」、「ワスプ」のいずれもが装甲飛行甲板を備えていなかったが、被爆した艦でも、沈没の直接の原因となったのは爆撃ではなく雷撃だった。そのうえ、「レキシントン」と「ヨークタウン」のどちらもが、爆弾の直撃を受けたにもかかわらず応急修理により短時間で復旧されて戦闘行動を再開しており、こういった事例が、艦隊における装甲飛行甲板軽視の風潮を助長した。

■新たな艦種記号CVBで誕生

　ところが「エセックス」級が一定数揃った1943年末から1944年にかけて、同級に対する第一の不満が艦隊側で生じた。アメリカ海軍はブルー・ウォーター・ネーヴィーであり、フリート・トレインによる洋上補給で兵站を維持していた部分が大きかったが、「エセックス」級の航空燃料や兵装の搭載量が少ないと見なされるようになったのだ。もっとも、これはアメリカ機動部隊の洋上作戦行動期間がかつてよりも延伸するという、作戦様式の変化にともなって生じたニーズの変化である。

　第二の不満は1944年後半に生じた。それは日本側が航空体当たり攻撃を開始したことで、これが非装甲の飛行甲板に命中すると、単に被爆した場合よりも大きな損害を蒙るようになってしまったのだ。一方、沖縄戦に参加した「イラストリアス」級の各艦も何度かの航空体当たり攻撃を受けたものの、いずれも装甲飛行甲板のおかげで、数時間で復旧可能な損害に留まっている。これは、敵側の戦法の変化にともなって生じたニーズの変化といえよう。

　日本が航空体当たり攻撃を恒常化させたことは別として、洋上作戦行動期間の延伸と飛行甲板の防御力の強化は、戦場が太平洋の西へ、つまり敵の牙城たる日本本土に近づくほどその必要性が高まるだろうということは、すでに1942年後半の時点で予測されていた。だが既述のごとく、当時の艦隊側は「エセックス」級の一刻も早い増備を望んでいたため、ジョセファス・ダニエルズ海軍長官の下で海軍次官を務め、"ネーヴィー・ブラッド"を自認する空母好きの時のアメリカ大統領フランクリン・ルーズベルトにより、新型艦隊空母の建造が指示された。

　こうして1943年10月27日、ネームシップの「ミッドウェー」が起工。12月1日には「コーラル・シー」、1944年7月10日には「フィリピン・シー」がそれぞれ起工された。これらの新型艦隊空母はアメリカ海軍最大の空母となるため、艦種記号も艦隊空母を示す「CV」ではなく、大型艦隊空母を示す「CVB」が付与された。ちなみに一説では、大型を示す"Large"の頭文字の「L」を用いたかったが、すでに軽空母が"Light（軽い）"の頭文字を用いて「CVL」とされていたため、シンプルに"Big（デカい）"の頭文字をあてたともいわれる。

　ただし「ミッドウェー」級はその長い現役期間において、1952年10月にCVA（攻撃空母の意）、1975年6月にCVと、艦種

ミッドウェー級航空母艦

記号が2度変更されている。

当初、艦名にはいずれもアメリカ海軍の空母が活躍した海戦が行われた海域名（戦場名）があてられていたが、「コーラル・シー」の進水式直前に、これら3隻の生みの親ともいえるルーズベルトが逝去したため、急遽艦名を「フランクリンD.ルーズベルト」に変更。アメリカ海軍空母に人名（政治家名）が冠された最初の例となった。そしてこの改名にともない、「コーラル・シー」の艦名は「フィリピン・シー」へとスライドされている。

なお、「ミッドウェー」級は当初6隻の建造が予定されたが、順調な「エセックス」級の就役状況に加えて、建造所や資材の手配など諸般の情勢に鑑み、4隻目以降はキャンセルとなった。

■ **母港はヨコスカ**

こうして建造された「ミッドウェー」級ではあったが、もっとも早く完成した「ミッドウェー」の就役ですら1945年9月10日と戦後であり、結局、同級は第二次大戦に参加できなかった。だがその性能は、大きさとともに確かにアメリカ海軍における大戦型艦隊空母の集大成といってよいものだった。

飛行甲板の装甲厚は89mm。これに51mmの装甲が格納庫甲板と第3甲板にそれぞれ用いられているので、「ミッドウェー」級の水平防御装甲厚は計191mmとなり、従来のアメリカ製艦隊空母では考えられなかった堅固な防御力を備えることとなった。また垂直防御も堅固で、水線部装甲として右舷に178mm厚（ただし下部は76mm厚）、左舷に194mm厚の装甲が備えられていた。右舷と左舷で装甲厚が異なるのは、右舷に艦橋や煙突が設けられて重心が偏ったので、バランスを取る目的で左舷側の装甲を厚くしたという説もある。

一方、艦上機の搭載機数は「エセックス」級の約50パーセント増の130機以上。航空燃料の搭載量も約50パーセント増加し、航空兵装にかんしては200パーセントオーバーの搭載量となっている。また防御火力も強化され、従来の5インチ38口径両用砲に代えて、新開発の5インチ54口径単装両用砲Mk.39を片舷に9門ずつ、両舷で計18門搭載した。ちなみに同砲は、のちに同級の武装変更にともなって撤去されたものの、一部を改修して海上自衛隊護衛艦の「あきづき」型（初代）と「むらさめ」型（初代）の主砲に転用され、旧敵国で「二度目のご奉公」をしている。

第二次大戦にこそ間に合わなかったものの、"マージ（「ミッドウェー」の愛称）"、"ロージィ（「フランクリンD.ルーズベルト」の愛称）"、"エージレスウォリアー（「コーラル・シー」の愛称）"の三姉妹は、その大柄な船体が幸いして、戦後すぐに始まった艦上機のジェット化に「エセックス」級よりも対応しやすかった。3隻とも、1950年代にSCB-110改修を施されてアングルドデッキとエンクローズド・バウを備えた。特に「ミッドウェー」は1966年にSCB-101/66改修を施されてさらにバージョンアップ。

その「ミッドウェー」は1973年に横須賀へと配属され、日本に母港を持つはじめてのアメリカ空母となった。そして1986年にはアメリカ海軍横須賀艦船修理廠で最後の延命工事が施され、同級で最後まで現役に残った艦となったが、就役から47年後の1992年4月11日、ついに退役を迎えた。その後、現役復帰することなく1997年3月17日に除籍。

ベトナム戦争と湾岸戦争を勇敢に戦った長女"マージ"の雄姿は今日、サンディエゴ港の海軍埠頭で「ミッドウェー」博物館として観ることができる。

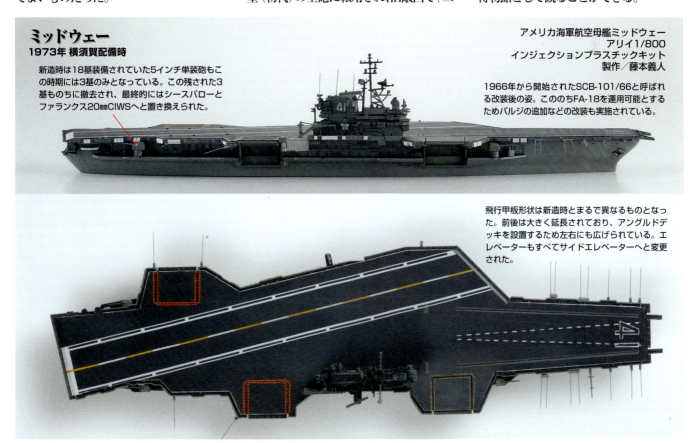

ミッドウェー
1973年 横須賀配備時

新造時は18基装備されていた5インチ単装砲もこの時期には3基のみとなっている。この残された3基ものちに撤去され、最終的にはシースパローとファランクス20mmCIWSへと置き換えられた。

アメリカ海軍航空母艦ミッドウェー
アリイ1/800
インジェクションプラスチックキット
製作／藤本義人

1966年から開始されたSCB-101/66と呼ばれる改装後の姿。ののちFA-18を運用可能とするためバルジの追加などの改装も実施されている。

飛行甲板形状は新造時とまるで異なるものとなった。前後は大きく延長されており、アングルドデッキを設置するため左右にも広げられている。エレベーターもすべてサイドエレベーターへと変更された。

色状雑談2-3
第二次大戦のアメリカ軍艦命名法則

アメリカは今日でこそ海軍国として知られるが海軍そのものの歴史は日本海軍と大差ない。そのため比較的秩序だった命名法則に従って艦名が付けられている。その例外が空母で特に初期の艦名は独立戦争の戦場や大陸海軍時の活躍した艦名を引き継いだものが多かった

アメリカ海軍は、一部例外はあるが比較的規則的な命名法則を用いていた。

まず戦艦には、単純に「ミズーリ」「テネシー」「テキサス」などの州名が付けられた。

大戦末期に就役した、巡洋戦艦に代わる第二次大戦中のアメリカ海軍独自の艦種である大型巡洋艦には、「アラスカ」「ハワイ」の準州名が付けられているが、例外的に島嶼の「グアム」の名も付けられた。

巡洋戦艦には、アメリカの古戦場の名が付けられた。それが「レキシントン」「サラトガ」である。しかし両艦は空母に改修されてしまい、アメリカ海軍は、その歴史において巡洋戦艦を1隻も保有しないことになった。だが空母化後も艦名が継承されたため、その影響もあって、以降、古戦場の名は艦隊空母に付けられている。

この艦隊空母の命名は、初期には試行錯誤があり、航空史に名高い人名の「ラングレー」、空飛ぶ危険な昆虫の「ワスプ」「ホーネット」などが付けられ、第二次大戦標準型艦隊空母の「エセックス」級に至って、古戦場名とアメリカ軍が勇戦した戦場名、アメリカ史上の偉人名が付けられるようになった。例えば「ヴァリー・フォージ」「コーラルシー」「ランドルフ」などである。なお、軽空母も概ねこの命名法則に準じた。

一方、量産された護衛空母には、「ガンビア・ベイ」のように湾名、「クロアタン」のように瀬や海峡名、「ガダルカナル」のように戦場名が付けられた。

ただし「シマロン」級給油艦から改造された「サンガモン」級4隻の艦名は、いずれも給油艦時から引き継いだ河川名のままである。

巡洋艦には、「ポートランド」「オマハ」「クリーブランド」などのアメリカの都市名が付けられた。

駆逐艦に関しては、「フレッチャー」「ザ・サリヴァンズ」「アレンM.サムナー」など、基本的に戦功のあった海軍と海兵隊の軍人名が用いられた。なお、「フレッチャー」級の「ザ・サリヴァンズ」の艦名は、軽巡「ジュノー」の戦没で従軍中の5人兄弟全員が戦死した悲劇にちなむものだが、アメリカ海軍史上、初めて複数の人物が1艦への命名対象にされた例となった。

潜水艦には、海洋生物や魚類の名が付けられた。例えば「カシャロット」はマッコウクジラ、「カトルフィッシュ」はコウイカ科の総称、「ガーナード」はホウボウ科の総称、「トリガー」は特大化した鰭棘を引き金に見立てて英名でトリガーフィッシュと呼ばれるカワハギ科の総称である。

また、別個の艦にそれぞれ付けられた「ドルフィン」と「ポーパス」の名は、どちらもイルカながら前者はマイルカ科の吻が突出した各種、後者はネズミイルカ科の吻が突出しない各種、それぞれの総称。

（白石）

▲「アイオワ」級戦艦4番艦「ウィスコンシン BB-64」。アメリカ海軍最後の戦艦である。BB-の記号を持つアメリカ海軍の戦艦は64隻存在することになり、艦名にはすべて州名が冠されたが唯一、艦名に採用されなかった州がある。「モンタナ」がそれで本艦は「アイオワ」級に続く戦艦として計画されていた。

◀「ヨークタウン」級空母3番艦「ホーネット」。アメリカ海軍の空母では「ワスプCV-7」、「ホーネットCV-8」と似たような名前が続く（いずれも「スズメバチ」の意）。これは大陸海軍（アメリカ独立戦争時の海軍）時代に活躍した武装商船を由来とするもの。なお戦争初期に戦没した「ヨークタウン」「ワスプ」「ホーネット」はのちに「エセックス」級空母の艦名に引き継がれている。

▶「ミッドウェイ」級空母2番艦「フランクリンD.ルーズベルト」。本艦は第二次大戦末期に死去したルーズベルト大統領の名前から取られたもので大統領名が艦名に採用されたのは本艦がはじめて。現在では空母の艦名に大統領名が採用されるケースが多いが「フランクリンD.ルーズベルト」以前は政治家が艦名に採用されたケースはない。

第3部 歴史艦編

54
清国海軍
定遠級装甲コルヴェット
Dingyuan-class Armored Corvette

58
日本海軍戦艦
三笠
Battleship IJN Mikasa

62
ロシア海軍戦艦
クニャージ・スヴォーロフ
Battleship Knyaz Suvorov

66
ロシア海軍戦艦
クニャージ・ポチョムキン
・タヴリチェスキー
Battleship Kniaz Potyomkin Tavricheskiy

70
イギリス海軍戦艦
ドレッドノート
Battleship HMS Dreadnought

74
アメリカ海軍潜水艦
ホランド
Submarine USS Holland

78
ドイツ海軍巡洋戦艦
ザイドリッツ
Battlecruiser SMS Seydlitz

東アジアの制海権を争った老大国が手に入れた"東洋一の堅艦"

定遠級装甲コルヴェット
Dingyuan-class Armored Corvette

極東における権益を巡って激しく対立した老いたる大国清と、新興国日本はヨーロッパより装甲艦を相次いで導入した。先鞭をつけたのは清でアジア最強の巨艦、「定遠」級装甲コルヴェットをドイツより購入。本艦の入手により海軍競争で一歩先んじた清は日本との対立を深め、のちに日清戦争を招き、滅びの道へと突き進んで行く

1895年2月17日に日本軍によって威海衛にて鹵獲され、旅順で応急修理ののち長崎に回航されてきた「鎮遠」。前部マスト直後から1番煙突直前まで通行用のフライング・デッキが設けられており、主砲塔の後ろには艦橋も見えている。また2番煙突と後部マストの間では上甲板をシェードするための天幕が吊り上げられ、展張の準備が進められている。船体の各部に描かれた大小の四角い白枠は被弾個所を示す。このときの回航員の一人に、のちの日露戦争における旅順港閉塞作戦で戦闘中行方不明となった部下を捜索中に名誉の戦死を遂げ、わが国最初の軍神となった広瀬武夫が乗り組んでいた。なお、本艦の日本艦籍への編入は同年3月16日で、類別は戦闘航海任務に従事可能な軍艦として第一種とされ、艦名は元のままの「鎮遠」が踏襲された。この時代はまだ敵の目から艦をカモフラージュする塗装よりも、こちらの威容を示すべくディティールアップする塗装が優先されていた。

要目 定遠（1885年）	
常備排水量	7144トン
全長	94.5m
全幅	18.4m
出力	6200hp
速力	14.5ノット
航続距離	4500nm/10ノット
兵装	25口径30.5㎝連装砲×2
	30口径15㎝単装砲×2
	28口径5.7㎝単装砲×2
	4.7㎝単装砲×2
	37㎜五連装ガトリング砲×8
	38㎝単装魚雷発射管×3

定遠級装甲コルヴェット

■「眠れる獅子」の海軍

　かつて清は「東洋の眠れる獅子」と畏怖されたユーラシアの超大国だったが、19世紀末ともなると国家としての衰退が進み、欧米列強による政治面と経済面での浸食も著しかった。このような情勢下、清の北洋通商大臣兼直隷総督である李鴻章は、朝鮮を巡る日本との間の険悪な空気に危機感を抱き、主に黄海を制すべく丁汝昌を司令官とする北洋水師（正式な発足は1888年）を創設。軍港として威海衛と旅順の整備を進めた。
　だが、産業革命によって工業化が進んだ欧米列強に対し、かつて火薬や羅針盤を発明した歴史こそあるものの、当時の

◀ドック入りした「鎮遠」。艦首副砲の下に清国海軍の象徴の龍が描かれている。艦首の水面下に設置された鋭いラムが本艦の戦闘方法を如実に表している

清には最新鋭の主力艦を自力で建造する工業力はなかった。そこで李は、以前から清への軍事顧問的活動を通じて各種兵器の売り込みを図っていたドイツにそれを発注することにした。

ところで、なぜ清が自国の国威を託すほど重要な軍艦をドイツに発注したかを、きわめて大雑把だが説明しておこう。

清はかねてからアヘンの密輸問題でイギリスとの関係が険悪であり、フランスとは租界や貿易上の問題を抱えていた。加えて1868年の明治維新以降、富国強兵を旗印に掲げ、まさに朝鮮問題における競合相手である日本の海軍がイギリスに、陸軍はフランスにそれぞれ範を求めていた。

一方、イギリスとフランスはヨーロッパでのドイツの競合国であり、清が極東における他の欧米列強よりは幾分かましと判断していたドイツに接近するのは、おかしなことではなかった。

■「東洋一の堅艦」として

かくして、李の要望による極東初の装甲コルヴェットは、1881年にネームシップ「定遠」と2番艦「鎮遠」の2隻がドイツのフルカン・シュテッティン造船会社に発注された。そこで同社は、ドイツ連邦が1871年にヴィルヘルムⅠ世によって統一されたことで、それまでの北ドイツ連邦海軍がドイツ海軍となってから7年後の1878年に竣工して好評を得た、「ザクセン」級装甲コルヴェットの改良型を提案した。

当時のドイツ海軍はまだグリーンウォーター・ネーヴィーの域を出ておらず、「ザクセン」級も、バルト海やドイツ沿岸部を主な活動海域とする沿岸型装甲コルヴェットとして設計されていた。そのため船体の特徴としては、外洋での凌波性や復元性よりも沿岸部での取り回しのよさが求められたため乾舷が比較的高かったが、清の要望も内海たる黄海での運用に主眼が置かれていたので、この点は問題とはならなかった。

また、普墺戦争中の1866年にアドリア海で戦われたリッサ海戦で、対火砲防御が堅固な装甲艦を沈めるにはラミングで水線下に大破孔を穿ち、抑制不能の大浸水を生じさせるのがもっとも有効という戦訓が得られたため、「ザクセン」級の艦首にはラムが設けられていたが、これも踏襲された。しかし、ラミングをするには敵艦に対して自艦を正面から突っ込ませねばならず、そうなると、できるだけ多くの主砲が艦首方向に向けられたほうが有利だ。だが「ザクセン」級の主砲は単装砲架に載せられており、舷側への射撃を重視した配置となっていた。

そこでイギリスの装甲艦「インフレキシブル」の例に倣い、2基の連装主砲塔を右舷側と左舷側にそれぞれ1基ずつ寄せて交互に配置することで、主砲塔を旋回させれば2基4門の主砲すべてを艦首と艦尾に指向できるように設計が工夫された。その結果、正面の敵艦にもてる主砲の全火力を集中した砲撃を加えながら、ラミ

ングを試みることが可能となった。ただし、のちに出現する軍艦のように主砲塔が船体の首尾線上の中央に配されているのではなく、左右それぞれの舷側に寄せて配置されているせいで、片舷に指向できる主砲は砲塔1基分の2門に限られた。

なお、表現上は砲塔と記しているものの、この頃のそれはまだ厳密な意味での砲塔ではない。正しくは露砲塔と呼ばれるもので、基部となるバーベットの上に、砲架に架装された砲が露天で設置される構造であった。この露砲塔にはごく薄い鋼製フードが被せられることもあり、「定遠」級の露砲塔はまさにこの構造であったため、のちの砲塔のような外観となった。

ところが本級では、本格的な砲塔に見られる排煙換気装置などは備えられていなかったことから、砲撃時には砲塔内に有害な発砲煙が充満。特に主砲の連射時は砲員の作業が著しく阻害された。そこでのちの実戦に際しては主砲塔のフードを外すことで対応したが、本来がスプリンター防御用としてもさほど効果が期待できない薄さだったので、この措置により、逆に実用性が向上したとも伝えられる。

「定遠」級が備えた4門の主砲は、クルップ社製の30.5cm後装式ライフル砲であった。今でこそ艦砲が「後装式」で「ライフル砲」なのは当たり前だが、当時はかのイギリス海軍でも未だに前装式の砲を用いていた時代であり、同砲は最新の優秀砲であった。

一方、副砲には同じくクルップ社製の15cm砲が主砲と同様のフード付き露砲塔に単装で収められ、1基を艦首前端、1基を艦尾後端にそれぞれ装備したが、この配置は各砲塔が射界を広く取れるという利点があった。

また本級は35.6cm魚雷発射管3本を装備していたが、興味深いのは、搭載艇の一部として30トン級の水雷艇2隻を擁していたことだ。そして戦闘開始前にこの水雷艇を発進させておき、本艦とは別行動で敵艦隊を襲撃するといった運用方法が考えられていた。

もっとも、当時の水雷艇はのちの魚雷艇のような高速ではなく母艦と同程度の速力しか出せなかったため、艦隊決戦前

定遠級装甲コルヴェット

の事前襲撃よりも、戦闘後に生じる落伍艦を襲うといった残敵掃討を主に期待されていたようだ。

なお、「定遠」級の機関は石炭専焼で2軸推進。最大速力は約15ノットを発揮したと伝えられる。

面白いのは、いかにも技術革新著しい19世紀末に設計された艦らしく、当初は機走に加えて帆走することも考慮されており、船体前後に設けられたマストは帆の展張を前提とした設計となっていた。しかし建造途中で機走だけで充分と判断されたため、普通のマストに代えられている。そして前後のマストとも、敵水雷艇の撃退や近接戦闘時の狙撃に用いるべくファイティング・トップが設けられ、47mm速射砲や大口径ガトリングガンが据え付けられていた。

■ そして旭日の旗印の下に……

1885年に「定遠」級2隻がドイツから清に到着すると、両艦は「東洋一の堅艦」と称されることになり、「定遠」は丁が座乗する北洋水師の旗艦に就役。そこで日本海軍は対抗策として滞在中のお雇い外国人、フランス海軍造船技官ルイ・エミール・ベルタンの力を借りて、総合性能では「定遠」級に劣るものの32cmの巨砲1門を装備した松島型防護巡洋艦、すなわち「松島」「厳島」「橋立」のいわゆる「三景艦」を建造した。

1886年の朝鮮出動の帰路、「定遠」級2隻他が補給と入渠に加えて、いわゆる示威的砲艦外交を兼ねて来日。その際、同級が入渠可能な大型ドックが所在する長崎において、北洋水師の海兵多数が無秩序な上陸のうえ騒乱を起こし、清側と日本側双方に多数の死傷者が生じた。

これを「長崎事件」と称するが、同事件により日本海軍は清の海兵教育の低さを正確に把握することになり、ハードたる艦そのものは優秀とはいえソフトたる将兵が為体であることから、「定遠、鎮遠恐れるに足りず」という心構えができたともいわれる。

そして1894年に日清戦争が勃発し、同年9月17日に北洋水師と連合艦隊の間で戦われた黄海海戦では、清側の運用のまずさと将兵の戦意の低さから、「極東の二龍」の末路は、本来の優れた性能を存分に発揮したとは言い難いものとなった。

とはいえ「鎮遠」が放った30.5cm砲弾が連合艦隊旗艦「松島」の副砲砲郭を直撃し、集積されていた弾薬が誘爆し大破。このとき、瀕死の重傷を負った三浦虎次郎三等水兵が死の直前、通りかかった同艦副長向山慎吉少佐に「まだ定遠は沈みませんか」と問いかけたことが、のちに「勇敢なる水兵」の逸話を生んだ。

その後、「定遠」は逃げ込んだ威海衛で1895年2月5日に日本水雷艇隊の夜襲を受けて擱座。これに追い打ちをかけて日本側の陸上攻撃も加えられ、万事休したことから自沈した。

片や「鎮遠」は同年2月17日に威海衛で鹵獲され、整備後、改名せず日本海軍に編入された。特に同艦は黄海海戦において火災を生じたにもかかわらず、防御装甲のおかげで主要部に被害を受けなかったため同地にたどり着くことができており、かろうじて「東洋一の堅艦」の面目を保ったといえよう。

かくて、優れた資質を備えながらも不幸な境遇によりそれを発揮しきれなかった極東に嫁いだドイツ生まれの姉妹。姉は戦火に斃れ、妹はかつての敵の旗印の下、同じ極東の地で新たな「人生」を歩み出すことになるのだった。

▲日清戦争後、改装工事を施されたのち日本海軍に編入された「鎮遠」。清国海軍時代には30.5cm連装砲塔以外には艦首、艦尾に15cm単装砲を1門ずつ装備するだけだったが、日本海軍では船体後部舷側に15cm単装砲を2基追加して運用した

定遠
1894年 黄海海戦時

清国海軍装甲コルベット定遠
ブロンコ1/350
インジェクションプラスチックキット
製作/川合勇一

船体レイアウトは主砲の射角を最優先した結果、艦橋などの構造物はフライングデッキ上に配置することになった。艦橋も非常に簡素なもので操舵のみを指揮するものである。

艦首と艦尾にはクルップ製の30口径15cm単装砲が1門ずつ装備されていた。日本海軍に編入後はイギリスのアームストロング製の40口径15.2cm砲へと換装されている。

甲板上には30トン級の水雷艇2隻を搭載していた。主砲のみで撃沈に至らない場合は搭載した水雷艇や艦首のラムで敵艦を撃沈する予定だった。水雷艇は後部マストに設置されたジブクレーンで水面に降ろされる。

主砲は30.5cm連装砲を2基前後にずらして配置していた。重甲と謳われる「定遠」級だったが砲塔自体は本格的な装甲は施されておらず、砲を覆う白い部分は破片防御のフードである。主砲自体は当時では珍しい後方から弾薬装填が可能な後装式で発射速度も速かった。

歴史的なワンサイドゲームの主役を演じた日本海軍の最殊勲戦艦

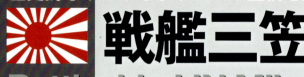 戦艦三笠

Battleship IJN Mikasa

清との戦争に勝利を収めた日本は戦争で得た権益を巡って今度は大国ロシアと対立するようになった。清とは比較にならない強大なロシア海軍に対抗するために日本海軍は急速に戦力を拡大。当時最新鋭のイギリス戦艦を入手した。「三笠」を始めとするイギリス製日本戦艦は日本海海戦においてロシア艦隊相手に歴史的なワンサイドゲームを演じることとなる

1904年8月10日、「三笠」は黄海海戦で20～30cm級砲弾13発、15～20cm級砲弾12発を被弾し戦死22名、戦傷84名の損害を被った。だがそのまま旅順港封鎖に参加し、封鎖解除後の同年12月28日、呉に入港して修理が行われた。写真は修理完了直後の1905年2月6～10日の間に呉で撮られたもので、前後のマストの中ほどにそれぞれ設けられていたファイティング・トップが、そこに備えられた47mm速射砲計8門とともに撤去されているのがわかる。すでに戦時塗装のグレー1色になっているが、就役直後の「三笠」はホワイトグレーとブラックのツートーン仕上げで、前後の煙突にそれぞれ白線3本が描かれた美しい塗装が施されていた。この撮影の直後の14日、「三笠」は呉を抜錨して前線へと向かった。艦首に浮かぶ係留ブイにはブイ・ナンバーが記されており、この番号でブイの繋止位置（つまり艦の投錨位置）が特定できる。ブイの中央には、数字の逆読み（「6と9」や「18と81」など）防止と水線を兼ねた白線が引かれている。

要目　三笠（1902年）	
常備排水量	1万5140トン
全長	131.7m
全幅	23.2m
出力	1万5000hp
速力	18ノット
航続距離	7000nm/10ノット
兵装	40口径30.5cm（12インチ）連装砲×2
	40口径15.2cm（6インチ）単装砲×14
	40口径7.6cm（3インチ）単装砲×20
	45.6cm（18インチ）魚雷発射管×4

戦艦三笠

■三国干渉の波紋

　1895年、日清戦争に勝利した日本は、清から遼東半島の割譲を受けた。だが、ロシアが主導しフランスとドイツが加わった三国干渉によって同半島を放棄。こうして好機を得たロシアは翌96年に露清密約を結ぶと、1898年、長年の国是たる南下政策の一環として、遼東半島南端の旅順と大連の25年間の租借権を獲得し、宿願の「太平洋への窓口」を開いた。

　当時、イギリスはロシアの南下で清における自国の利権が脅かされるのを懸念していた。そこで、同様にロシアの南下を警戒しているうえ、三国干渉で苦い思いをさせられた日本との軍事や政治における関係の維持に努め、これがのちに日英同盟へと発展する。

　一方、新興国家日本の海軍は日清戦争前から艦艇の増強を望んでいたが、戦艦の建造予算が認められてイギリスに発注されたのは日清戦争勃発直前のことで、日本初の近代的戦艦「富士」（1897年8月就役）と「八島」（同年9月就役）は、この戦争に間に合わなかった。しかし今度は、大国ロシアとの関係悪化が著しく一戦が必至の情勢となり、相応の軍備を整えなければならなくなった。

■六六艦隊計画と4隻の新戦艦

　そこで日本海軍は、戦艦6隻、装甲巡洋艦6隻を整備する六六艦隊計画を策定。「富士」型2隻に続く4隻を、第1期と第2期の拡張計画に分け、前者で1隻、後者で3隻をイギリスに発注することにした。

◀ヴィッカース社に発注された「三笠」は1900年11月8日、バロー・イン・ファーネス造船所において進水した。すでに菊花紋章が取り付けられており、艦首水面下にはラムが備えられている。19世紀後半、リッサ海戦（1866年／普墺戦争）や黄海海戦（1894年／日清戦争）では装甲防御力が主砲の攻撃力よりも勝っており、砲戦だけではなかなか装甲艦を撃沈できなかった。そのため主砲で敵の戦闘力を奪ったのち接近してラミングによって敵艦を撃沈する戦法が繰り返されている。日本海軍が日本海海戦で、主砲の砲戦力のみで戦艦を撃沈して以降、世界の海軍において徐々にこのラムは廃止されていくこととなった

世界列強に伍する艦隊の急速な整備を企図していた日本海軍は、六六艦隊の主力となる新しい戦艦の建造に際して、次のような要件を満たすことを求めた。

それは、世界最大の戦艦という点である。仮想敵国のロシアをはじめ列強の戦艦は1万2000〜1万3000トン程度であり、当時のイギリスの建造設備の上限は1万4000〜1万5000トンと思われた。その結果、「敷島」型は1万5000トンとなった。もっとも、せっかく大きな艦を入手しても、主砲にかんしては、彼我ともに世界水準の12インチ級のもので我慢せざるを得ない。

だが、艦を大型化すれば副砲が増備でき、門数で敵を凌駕することが可能だ。その結果、敵戦艦の上部構造物、砲塔、副砲といった、艦そのものの浮沈にはさほど影響しないが戦闘力には大きく影響する部位を、より効果的に破壊できる。一方で、大型化によって自らはいっそうの重防御が可能になるため、敵からの同様の被害を受けにくくなる。

また、もしロシアが東洋艦隊に1万5000トン級の戦艦を配備するとなれば、この規模の艦が入渠可能なドックを遼東半島に建造しなければならず、そのための時間とコストは莫大なものになるはずだ。さらに、建造隻数が4隻というのも、既存の「富士」と「八島」を加えて戦艦6隻、装甲巡洋艦6隻の戦力をもってすれば、有事にロシアがバルト海から送り込んでくると予想される艦隊と対等以上に戦えるという読みによる。

もっとも、こういった運用上のニーズは当時の日本海軍でもまとめられたが、技術的なニーズとなると蓄積に乏しく、「大先輩」のイギリス海軍に倣うしかなかった。

■「本家」を超えた最新技術を導入

国運を賭けた新型戦艦4隻の発注に際して、日本側の計画立案責任者となったのは、造船総監佐双佐仲中将だった。海軍兵学寮を経てイギリスに留学し、わが国における軍艦建造を推進した明治期の造船の大家である。

一方、受注したイギリス側の設計者は、海軍設計学校出身でアームストロング社の軍艦設計部長を経て海軍造船局長に就任した鬼才、ウィリアム・ホワイト卿を筆頭に、アームストロング社の当時の軍艦設計部長フィリップ・ワット卿、ヴィッカース社の軍艦設計部長ジェームズ・ダンら、イギリス海軍造船の黄金期を支えた錚々たる顔ぶれだった。彼らは、9隻もの同型艦が建造されたイギリス海軍の優秀な戦艦「マジェスティック」級の設計をベースにして各部に改良を施し、日本からの注文に応じた。

こうして、1番艦にちなんで「敷島」型と称される戦艦4隻、「敷島」「朝日」「初瀬」「三笠」の建造が、順次イギリスにて始まった。4隻とも別個の造船所で建造されたので細部の仕様が異なり、煙突の本数や形状、マストの形状など外観にも差異が生じたが、これについては、イギリス側が意図的に変えたという説もある。当時こそ、日本はロシアの脅威に対する大事な「極東の防波堤」役で「商売のお客さん」でもあったが、所詮は黄色人種の国家であり、いつ何時、敵に回るとも限らない。そうなった際、外観だけでどの艦かを識別できたほうが都合がよいからだ。

さて、4番艦「三笠」は1899年1月24日にヴィッカース社のバロー・イン・ファーネス造船所で起工された。ランカシャー州のファーネス半島先端部、アイルランド海モーカム湾に面した同造船所は、約1万人もの工員を擁する巨大施設で、のちに巡洋戦艦「クイーン・メリー」や「金剛」も建造している。

4隻の同型艦（準同型艦というべきか）中、最後に起工された「三笠」には、ほかの3隻とは決定的に異なる点があった。それは、前3艦の装甲は従前のハーヴェイ鋼だったが、「三笠」には、当時最新のクルップ鋼が使われたことだ。クルップ鋼はハーヴェイ鋼に比べて耐弾性が15〜20％も高く、結果、本艦は4隻のなかでもっとも優れた防御力を備えることになった。なお、装甲重量は約4100トンとい

戦艦三笠

われる。

「三笠」とほかの3艦との相違点はまだある。前3艦の舷側装甲は、水線部から下甲板までが9インチ、下甲板から中甲板にかけてが6インチで、上甲板部に装甲はない。ただし6インチ副砲はケースメート化されており、1門ずつ装甲板で守られていた。

これに対して「三笠」は、水線部から下甲板までは前3艦と同じだが、そこから上は6インチ厚の装甲が上甲板下まで均一に張られていた。そのため、中甲板に配された副砲はケースメート化されておらず、1門ずつ別区画に収められ、当該区画の全周には装甲隔壁が設けられて、1砲への被弾がほかの砲に被害を及ぼさぬようになっていた。一方で、上甲板に配された副砲はケースメート化されている。このような事情から、前3艦は副砲を上甲板に6門、中甲板に8門備えていたが、「三笠」では上甲板に4門、中甲板に10門の配置であった。

「三笠」のこの舷側防御はイギリスでも初めての試みで、同海軍の戦艦で同様の防御が施されたのは、本艦が就役したのと同じ1902年に起工された「キング・エドワード7世」からだった。同海軍では、絶対原則というわけではないが、新技術をまず外国受注艦で試し、実証できたところで自国艦に反映するという習わしがあり、後年、同様のことが戦車開発でも行われたケースがある。

■「一朶の雲」に向かって

起工前日の1899年1月23日、艦名が「三笠」に定められた。これは、古都・奈良の春日山の一峰からいただいたものである。

進水式は1900年1月8日に行われ、引き渡し式と就役式は1902年3月1日にサウザンプトン港で挙行された。同月6日、「三笠」はイギリスの新造戦艦「クイーン」の進水式に参列すべく同港を抜錨。翌日早朝、プリマス港に入港して式典への参加をはたした。

爾後、「三笠」は石炭、食糧、真水を満載すると13日に出港し、初代艦長早崎源吾大佐指揮の下、紺碧の地中海を抜け、積乱雲湧き立つインド洋を渡り、一路、まだ見ぬ祖国への海路を急いだ。迫りくる国難に立ち向かうために。

そして、その行く先には、一朶の雲がたなびいていた……

「敷島」型戦艦のモデルとなったイギリス海軍の「マジェスティック」級戦艦の「マース」。船体の前後に12インチ（30.5cm）連装砲塔を1基ずつ備え、その中間に艦橋、煙突などの上部構造物を配した前弩級戦艦のスタイルは本艦より受け継がれている

三笠
1906年 日本海海戦時

主砲はアームストロング社の40口径30.5cm連装砲塔を2基搭載していた。これは原型となった「マジェスティック」級の35口径30.5cm連装砲よりも強力で日本戦艦の設計の優秀性を認めたイギリス海軍はのちの「フォーミダブル」級に「敷島」型と同じ40口径30.5cm砲を採用している。

日本海軍戦艦三笠
ハセガワ1/350
インジェクションプラスチックキット
製作／中村勝弘

「敷島」型戦艦のうち1番艦「敷島」、3番艦「初瀬」は3本煙突、2番艦「朝日」と4番艦「三笠」は2本煙突のため外見上の区別は付きやすい。「敷島」「初瀬」と「朝日」「三笠」では副砲のレイアウトも異なるため後者2隻を準同型艦と分類するケースもある。

「富士」型戦艦と「敷島」型戦艦では艦影は似ているが装甲防御に大きな差がある。「富士」では防御力に劣るニッケル鋼を使っているため舷側のもっとも厚い部分で457mmもの装甲が必要だったが「敷島」型では新式のハーヴェイ鋼を採用した結果229mmまで厚みを減らすことができた。その結果、「富士」型よりも広い範囲に装甲を施すことが可能となった。「敷島」型の4番艦である「三笠」はさらに優れたクルップ鋼を採用し防御力がいっそう強化されていた。

日本海海戦で連合艦隊と死闘を演じたバルチック艦隊最強戦艦

戦艦クニャージ・スヴォーロフ
Battleship Knyaz Suvorov

極東の日本海軍の増強に煽られるようにロシア海軍も新型戦艦の整備を急いだ。蒸気機関を搭載した装甲艦の性能は急速に進化しつつあり、わずか10年程度のスパンで在来艦が陳腐化していったからだ。日本海軍がイギリス製戦艦を導入したのに対し、ロシア海軍ではフランス製戦艦をベースにした艦を量産した。ここで紹介する「クニャージ・スヴォーロフ」は日露戦争当時ロシア海軍の最新鋭艦でありバルチック艦隊の旗艦でもあった。日本海軍が導入したイギリス艦とロシア海軍が導入したフランス艦、英仏の設計の優劣はやがて極東の戦場で定まることとなる

「クジャーニ・スヴォーロフ」は日本の12インチ砲搭載艦に対抗するべく急ぎ建造されて1904年9月に就役したが、翌年5月27日の日本海海戦で戦没するという1年にも満たない短命に終わった。この写真では、タンブルホーム型船体ならではの上部に向かうにしたがって内側に傾斜する舷側の様子が、陽光の加減で明確に見て取れる。艦首部、艦中央部、艦尾部それぞれの両舷に配された副砲が連装砲塔に収められている点も、当時としては画期的だった。予想以上の重量増加で喫水が当初予定よりやや下がったこともあり、舷側砲門の位置も低くなっている。日本海海戦時のバルチック艦隊各艦は、大航海の途中で機関出力に影響をおよぼす良質の石炭を得られなかったこと、航海が長期に及んだため艦底に着床したフジツボなどの海洋生物が余計な抵抗を生じさせてそれが速力減少につながったこと、長期間劣悪な艦上生活をしのんできたため乗組員の戦意が低下していたことなどが重なって苦戦した。これらに加えて、本艦も含まれる「ボロジノ」級の場合は強力な最新鋭艦ではあったが、新しすぎるがゆえに乗組員が乗艦に習熟していなかったことが原因となり、最大限の力を発揮できなかったともいわれる。

戦艦クニャージ・スヴォーロフ

■大洋に向かう「双頭の鷲」

広大な国土を擁するロシアはかねてより陸軍大国として君臨してきたが、19世紀中盤以降、海軍力の造成にも力を注ぐようになった。自国に面しているふたつの内海、すなわち黒海とバルト海で、それぞれトルコとドイツという仮想敵国と対峙していたからだ。そして当然ながら、求められたのは内海での運用に主眼を置いたグリーンウォーター・ネーヴィーであった。

19世紀も末の1894年にニコライ2世が即位すると、ロシアの海軍力増強はいっそう推進される。かねてからの敵が存在するふたつの内海に加えて、太平洋への進出が唱えられたからだ。同国の「太平洋への窓口」は極東だったが、その目と鼻の先には、日本という新進気鋭の潜在的な仮想敵国が控えており、海軍力を急速に増強していた。

このような情勢を憂慮したロシアは、狭隘な黒海やバルト海とは異なり、広大な太平洋で海上覇権を得るには艦隊決戦が不可避だと考えて、新たに大洋海軍（ブルーウォーター・ネーヴィー）の充実に着手。1898年には、ウラジオストック、旅順、大連を本拠地とする、太平洋艦隊の急速増強計画が開始された。

要目	クニャージ・スヴォーロフ（1905年）
常備排水量	1万4091～1万4415トン
全長	121.00m
全幅	23.22m
出力	1万6300hp
速力	17ノット
航続距離	5000nm/10ノット
兵装	40口径30.5cm連装砲×2
	45口径15.2cm連装速射砲×6
	50口径7.5cm単装速射砲×20
	4.7cm単装速射砲×20
	7.6mm機銃×4
	38.1cm魚雷発射管×4

63

◀「ボロジノ」級戦艦2番艦「インペラートル・アレクサンドル3世」。5隻建造された「ボロジノ」級ではいちばん早く1903年11月に就役した。船体の上部を内曲がりに狭くするタンブルホーム型を採用しているのがわかる。上甲板の面積が狭いため甲板の構造物を高く積み上げることになり結果として復原性の悪化を招いた。

■仏露混血の最新鋭戦艦に隠された弱点

19世紀末から20世紀初頭にかけてのロシアは、すでに国内で戦艦を建造できるだけの工業力を有していたが、イギリス、フランス、ドイツ、アメリカには技術面で遅れをとっていた。一方、日本はまだ自力で戦艦を建造できなかったが、ロシアの太平洋進出に備えて「富士」型、「敷島」型といった当時最強の12インチ砲搭載戦艦をイギリスに連続発注。

そこでロシアも、これに対抗すると同時に先進各国の最新の建艦技術を導入すべく、アメリカに「レトヴィザン」、フランスに「ツェサレーヴィチ」と、ともに30.5cm砲を搭載する戦艦各1隻を発注した。

実は、時のロシア海軍総司令官アレクセイ・アレクサンドロヴィッチ大公は親仏家で、「ツェサレーヴィチ」の建造を売り込んできたフランスはラ・セーヌ地中海造船所（FCM）の役員兼技師アントワーヌ・ジャン・アマーブル・ラガーヌのパトロンでもあった。だが、このような背景に関係なく同大公とロシア海軍技術評議会は「ツェサレーヴィチ」の設計の優秀性を認め、フランスで実艦が完成する前に、ロシア国内でもライセンス生産に踏み切ることとした。

ただし、ロシア側は「ツェサレーヴィチ」をそっくりそのままコピーしたわけではない。サンクトペテルブルクの新海軍省工廠技官ドミトリー・スクヴォルツォフに命じて、当時のロシアの造船技術で建造しやすく、さらに同海軍が求めた細かい要望をも反映した改設計を加えたのである。すでに不穏となっていた対日情勢も影響して、スクヴォルツォフは約3週間でこの改設計を仕上げたという。

こうして誕生したロシア版「ツェサレーヴィチ」は改「ツェサレーヴィチ」設計とも称され、ネームシップにちなんで「ボロジノ」級と命名された。

当時の戦艦は、船体全体に装甲板を張り付ける全周防御が基本だった。また、舷側に装備された副砲以下の火砲の射界は、広ければ広いほうが有利である。そのためフランスの原設計では、喫水線より上の船体側面の面積を削減でき、舷側にフレアがないのでこれによって射界を制限されることもないタンブルホーム型船体が採用されていたが、このデザインは「ボロジノ」級にも踏襲されている。

また、「ツェサレーヴィチ」には防御甲板の下にスプリンター防御用甲板が設けられており、左右の舷側部で湾曲して垂直に艦底へと向かい、二重底になっている艦底の内側に接する形で魚雷防御縦隔壁を構成していた。この設計により、同艦は本格的な魚雷防御手段を備えた世界初の戦艦となったが、もちろん「ボロジノ」級も同様の構造を継承した。

さらに「ツェサレーヴィチ」では15.2cm副砲12門が連装砲塔6基に収められていたが、「ボロジノ」級もまた同じである。

一方、ロシア製の機関関連機器や砲塔を含む砲煩関連機器は、フランス製のものより重量があった。加えて、水線主装甲帯上端部から中甲板に至るまでの舷側部に7.5cm砲ケースメート防御のための軽装甲が施されたが、これらの重量増加と相殺するべく、水線主装甲帯の装甲厚が「ツェサレーヴィチ」よりもやや薄くされている。

元来、フランス式設計は全般的に復原性に劣るとされていたが、「ボロジノ」級は水線より上に重量増加が生じる方向で改設計が加えられたため、重心が上がってよりいっそう復原性が低下した。比較的平穏な地中海を行動の中心とするフランス海軍と、それまでは黒海やバルト海といった内海を行動の中心としてきたグリーンウォーター・ネーヴィーであるロシア海軍には、ともに復原性をさほど重視してこなかったという共通の技術背景があったのである。

ゆえに遅ればせではあるものの、ロシア海軍技術評議会はバルチック艦隊がリバウを出港する2日前の1904年10月13日、同艦隊司令長官ジノヴィー・ロジェストヴェンスキー提督（少将。航海中に中将へと昇進）に対し、もし同級が雷撃を受けて大浸水を起こしたり、波の高い海況下で喫水線付近に被弾し破孔が生じて多量に浸水した場合には、きわめて転覆しやすくなることを通告している。

■マルスに見放された「鋼鉄の5姉妹」

「ボロジノ」級は風雲急を告げる日本との開戦に向けて急ぎ建造され、「ボロジノ」が1904年8月、2番艦「インペラートル・アレクサンドル3世」が1903年11月、3番艦「オリョール」が1904年10月、4番艦「クニャージ・スヴォーロフ」が1904年9月にそれぞれ就役。「インペラートル・アレクサンドル3世」のみが戦前の就役で、残り3艦は開戦後の就役となり、まさにぎりぎり間に合ったといえる。なお5番艦「スラヴァ」は結局、日露戦争終結直後の1905年10月の就役となり、同戦争には参加していない。

実に5隻もの同型艦が建造されたのは、ひとえに当時、「ボロジノ」級がロシア最大かつ最強の戦艦だったからだ。特に「ク

戦艦クニャージ・スヴォーロフ

ニャージ・スヴォーロフ」にはロジェストヴェンスキーが座乗してバルチック艦隊の旗艦を務めると同時に、最新鋭の姉妹艦4隻で編成された第1戦艦隊の旗艦を兼務した。

バルチック艦隊は1904年10月15日に本拠地リバウを発ち、約7か月もの大航海を経たのちの1905年5月27日、日本海海戦に臨んだ。日本海軍はこの戦いで、緒戦では榴弾による上部構造物破壊と人員殺傷を図り、距離が詰まってきたところで弾種を徹甲弾へと切り替えた。

「クニャージ・スヴォーロフ」は1410時以降、上部構造物への立て続けの被弾によって大火災を起こした。1500時頃、司令塔に直撃弾が命中。それまでの被弾で複数の弾片を身体の何個所かに受けてすでに負傷していたロジェストヴェンスキーの頭部に、脳にまで達する重傷を負わせた。

しかも「クニャージ・スヴォーロフ」自体もほとんど戦闘能力を喪失し、艦長イグナチウス大佐も戦死（戦死の時期は異説あり）していたため、ロジェストヴェンスキーは駆逐艦「ブイヌイ」へと移乗。

1700時頃、「クニャージ・スヴォーロフ」は左舷後部に魚雷1本を被雷し、同舷側に8度の傾斜を生じた。この時点でマストと煙突はすべて倒壊し、艦全体が燻るスクラップの小山のような姿であったという。さらに1910時には魚雷3本を被雷。大浸水を起こして転覆し沈没した。

この戦いでは、同型艦の「ボロジノ」と「インペラトール・アレクサンドル3世」も転覆してから沈没しており、海軍技術評議会の懸念が、不幸にも現実のものとなってしまった。

ただ1艦残った「オリョール」は、上部構造物こそ大きく大破したが、幸いにも水線下の被害はほとんどなく、翌28日、日本に降伏。その後、日本での改修の際に復原性の向上が図られたうえで、一等戦艦「石見」として再役した。

また、日露戦争に参加しなかったためロシア海軍の手元に残った「スラヴァ」も、第一次大戦で大破し味方の手により処分された。

かくて「トリコロール」の血統を継いで「双頭の鷲」の下に生まれた「鋼鉄の5姉妹」は、トップヘビーというその忌まわしき「血筋」ゆえ、無惨にも軍神マルスから見放されてしまったのである。

◀「ボロジノ」級戦艦3番艦「オリョール」は日本海海戦で損傷、日本海軍に鹵獲され一等戦艦「石見」として再就役した。本艦はもともとトップヘビーで復原性が不足していたため15.2cm連装砲塔はすべて撤去され、20.3cm単装砲へと置き換えられた。また寒冷地で使用するため密閉構造となっていた艦橋構造物も簡略化して軽量化に努めている。「敷島」型戦艦よりも艦歴の若い「石見」は期待も大きく5年の歳月をかけて改装されている。

クニャージ・スヴォーロフ
1905年 日本海海戦時

「ボロジノ」級戦艦4番艦「クニャージ・スヴォーロフ」。日露戦争当時ロシア海軍の最新鋭戦艦であり、バルチック艦隊の旗艦も務めた。フランス戦艦の影響を受けた設計だったがもともと復原性不足の船体にさらに重武装を施したため安定性が悪化していた。主砲の配置はこの時代のオーソドックスなもので船体の前後に30.5cm（12インチ）連装砲塔が配置されていたが、副砲も連装砲塔に収められていた。

ロシア海軍戦艦クニャージ・スヴォーロフ
イースタンエクスプレス1/350
インジェクションプラスチックキット
製作／鹿目晃一郎

グリーンウォーター・ネーヴィーらしく航続距離は常備状態では10ノットで2600海里、満載状態でも5000海里しかなかった。日本海軍の敷島型戦艦は10ノットで7000海里のためかなり劣る。この航続距離で遠くバルト海から極東まで回航されたため機関などは相当酷使されており、日本海海戦には速力も充分に発揮できなかったようだ。

革命の運命に翻弄された黒海艦隊最強の前ド級戦艦

戦艦クニャージ・ポチョムキン・タヴリチェスキー
Battleship Kniaz Potyomkin Tavricheskiy

戦艦「ポチョムキン」は世界でもっとも知られた戦艦の名前かも知れない。映画史に燦然と輝くその艦名だが一方で実艦の姿はあまり知られていないようだ。本艦は日露戦争で戦った「ボロジノ」級と同時期に建造された戦艦であり、「ボロジノ」級がフランス戦艦の設計をベースにバルト海向けに建造されたのに対して、本艦はロシア独自の設計で黒海艦隊用に建造されたものだった。艦名の割にその実像が知られない本艦の建造の経緯と革命に翻弄されたその生涯を語ろう

■壮大なる海軍拡張20年計画

　広大な国土を擁する大陸国家ロシア帝国は、元来が陸軍大国である。しかし黒海ではトルコ、バルト海ではドイツという仮想敵国と対峙している関係上、19世紀中盤に至って海軍力の造成にも本格的に力を注ぐようになった。そのきっかけとなったのが、アレクサンドルII世の即位である。同帝はロシアが接している二つの海、すなわち黒海とバルト海における海軍戦力の増強を志したが、当時のロシア海軍が指向したのは、ブルーウォーター・ネーヴィーではなくグリーンウォーター・ネーヴィーであった。というのも、二つの海でそれぞれ対峙している仮想敵国──黒海ではトルコ、バルト海ではドイツ──との制海権争いを想定していたからである。

　アレクサンドルII世が1881年3月13日に暗殺されると、アレクサンドルIII世が即位したが、彼はロシア海軍のいっそうの充実を図った。即位の翌年の1882年に海軍拡張20年計画を策定したが、同計画は黒海艦隊で戦艦8隻と巡洋艦2隻、バルチック艦隊で戦艦16隻と巡洋艦6隻を、それぞれ建造するという壮大なものだった。

66

戦艦クニャージ・ポチョムキン・タヴリチェスキー

写真は「クニャージ・ポチョムキン・タヴリチェスキー」だが、キリスト教の聖人のひとり「治癒者聖パンテレイモン」にちなんで「パンテレイモン」と改名後に撮影されたワンカットと伝えられる。艦首正面に帝政ロシアの双頭の鷲のエンブレムが燦然と輝き、その上には聖アンドレイ十字をモチーフにした艦首旗が翻っている。メインマストの艦橋直上には軍艦が近接戦闘を戦った頃の名残ともいえるファイティングトップが設けられ、47mm単装砲が備えられている。また、艦橋側面から舷側に向けて張り出したフライング・デッキがかなり長いものであることがわかる。同時代の「三笠」と比べると、本艦のほうがやや軽く小さいうえ速力で約1.5ノット遅いが、主砲と副砲の砲腔口径は同じで、「三笠」のほうが副砲の門数が2門少なかった。外観からもわかるように、本艦は設計段階から海況が比較的穏やかな黒海一帯での運用に主眼が置かれていたため、太平洋や大西洋の深奥まで進出して戦うイギリスやアメリカといったブルーウォーター・ネーヴィーの戦艦に比べて、凌波性や航洋性は一段劣った。

要目	クニャージ・ポチョムキン・タヴリチェスキー（1905年）
常備排水量	1万2582トン
全長	115.36m
全幅	22.25m
出力	1万600hp
速力	16.5ノット
航続距離	3400nm/10ノット
兵装	40口径30.5cm連装砲×2
	45口径15.2cm単装砲×16
	50口径7.5cm単装速射砲×16
	4.7cm単装速射砲×20
	7.6mm機銃×4
	38.1cm魚雷発射管×5

ところが1894年11月1日、アレクサンドルIII世は崩御。これを受けて即位したニコライII世は実にわずか26歳と若かったが、父親の意志を継ぎ、よりいっそうの海軍戦力増強に邁進した。とはいっても黒海艦隊での建造計画こそ順調だったものの、バルチック艦隊でのそれは遅延していた。

黒海艦隊では、まず「インペラトリッツァ・エカテリーナ2世」級の同艦に始まる「チェスマ」、「シノープ」、「ゲオルギ・ポビエドノセッツ」の同型艦4隻が、1889年から1894年にかけて竣工。ただし「ゲオルギ・ポビエドノセッツ」の竣工よりも2年早い1892年に、同型艦のない「ドヴィエナザット・アポストロフ」が竣工している。

これらに続くのが、1898年に竣工した、やはり同型艦のない「トリ・スヴィティテリア」で、さらに同じく同型艦がない「ロスティスラフ」が1898年に竣工して7隻となった。

そして1903年、計画上の最後の1艦の「クニャージ・ポチョムキン・タヴリチェスキー」が竣工した。本艦は黒海艦隊での8隻の新造戦艦中唯一の、当時もっとも新しい前ド級戦艦だった。

67

◀1906年「パンテレイモン」と改名された当時の「クニャージ・ポチョムキン・タヴリチェスキー」。船体のサイズや武装はほぼ「ボロジノ」級と同じだが若干低速で航続距離も短かった。本艦は同じく黒海艦隊用に建造された「トリ・スヴィティテリア」に続いて設計されたが装甲に新しいクルップ鋼を採用するなど改良が施されている。本艦を含む黒海艦隊はパリ条約のためボスポラス海峡とダーダネルス海峡の通過が認められていなかったため日露戦争にも参加することなく終わった。

■当時最強のロシア戦艦

「クニャージ・ポチョムキン・タヴリチェスキー」の設計は、セヴァストーポリ鎮守府の造船技官アレクサンドル・ショットの手になる。

建造には、艦名の由来となったグリゴリー・アレクサンドロヴィチ・ポチョムキン公爵がクリミア総督として地域開発に尽力した、ニコラーエフ海軍工廠第7造船台が選ばれた。ニコラーエフは軍艦造船の街で、同造船台は、市街中央を流れるイングル川に面して設けられていた。全長約120m、全幅約48mで頂部高約30mの屋根を備えており、戦艦級の大型軍艦の建造が可能だった。ちなみに、同造船台では本艦の前には「ロスティスラフ」が建造されていた。

ところが「クニャージ・ポチョムキン・タヴリチェスキー」には、建造開始前の企画段階から、性能面や構造面でさまざまな要望が寄せられ、設計や企画の現場に少なからぬ混乱が生じた。そこで時の海軍総監でニコライⅡ世の叔父にあたるアレクセイ・アレクサンドロヴィッチ大公のトップ決済によって裁定が下され、混乱は収拾しショットの仕事も進めやすくなった。

こうして1898年10月10日、海軍拡張20年計画の黒海艦隊における8隻目、つまり計画最後の戦艦となる「クニャージ・ポチョムキン・タヴリチェスキー」は起工された。しかし建造が始まると、黒海よりも極東を優先するといった当時の政策変更のあおりを受け建造作業が遅延するなどして、進水式は世紀末の1900年10月9日となった。

「クニャージ・ポチョムキン・タヴリチェスキー」の機関は、艦船用燃料が石炭から重油への移行が始まる初期に建造された艦らしく、両方の使用が可能となっており、そのために石炭焚きボイラーと重油焚きボイラーを別個に搭載していた。だが実は、当初は混合焚きボイラーを備えていたが、艤装中の1904年1月2日に生じた火災が原因で、一部を石炭焚きボイラーに換装したという経緯がある。

ちなみにこの2種類の燃料を用いることが世界で初めて試みられた大型艦は、ニコラーエフ海軍工廠第7造船台で本艦の前に建造された「ロスティスラフ」であったが、近い地域に世界屈指のバクーの大油田地帯が存在することから、あえて黒海艦隊の配備艦で重油の使用が試みられたのかも知れない。

燃料についてはかようのごとく先進的ながら、速力についてはさほど速いことを求められておらず、最大速力はロシア海軍技術評議会が推奨した16.5ノットだった。しかし本艦が配備される黒海艦隊が計画段階で20ノットを要求し、これをアレクセイ・アレクサンドロヴィッチ大公が当初の16.5ノットに落とし込んだという経緯があった。

船型は艦首にラムを備えた長艦首楼型船体の3本煙突で、艦橋の両側面には、舷側に向かって突き出したフライング・デッキが設けられていた。

主砲には、黒海艦隊では「トリ・スヴィティテリア」で初めて採用された、フランスが原設計の40口径30.5cm砲M1895を架装した連装砲塔を、艦の前後にそれぞれ1基ずつ計4門搭載した。同砲は優れた性能で、すぐにロシア戦艦の標準主砲として重用されることになる。

また副砲は45口径15.2cm砲M1892で、片舷あたり舷側に設けられた上下二層のケースメートの上層に2門、下層に6門の両舷で計16門を備えた。

装甲鋼板には、クルップ鋼と国産の軽量ニッケル鋼が用いられており、当時の全体防御設計思想に基づいて主要個所に装甲が施されていた。例えば、司令塔や舷側の装甲は平均で約230mmであり、砲塔の装甲厚は254mmだった。

このように、「クニャージ・ポチョムキン・タヴリチェスキー」は火力面でも防御面でも当時最強のロシア戦艦であり、特に火力に秀でていたが、一方で速力には劣った。

■革命に翻弄された数奇な運命

進水式後の艤装作業が終わると、「クニャージ・ポチョムキン・タヴリチェスキー」は最終艤装のため1902年7月3日にニコラーエフからセヴァストーポリへと回航された。本艦の当初の竣工予定は1903年だったが、既述の火災やそのほかの建造遅延なども生じ、結局、実際の竣工は1905年5月20日となった。

当時、ロシアでは帝政と貴族の君臨に辟易とした民衆による社会主義革命の兆しが高まっていたが、就役後わずか約1か月の1905年6月27日、のちにセルゲイ・エイゼンシュテイン監督の名作映画「戦艦ポチョムキン（1925年度サイレント作品）」で世界に知れ渡ることになる水兵たちの叛乱が、「クニャージ・ポチョムキン・タヴリチェスキー」艦上で起こった。そのきっかけは、昼の兵員給食のボルシチに腐肉が使われているというも

戦艦クニャージ・ポチョムキン・タヴリチェスキー

のだった。

　3代目の艦長エフゲニー・ゴリコフ大佐以下、艦の上級士官が処刑され、同日1400時に乗組員たちは革命を宣言。しかし革命の波は広がらず、結局、7月9日に乗組員たちのルーマニアへの亡命かロシア海軍への投降をもって事態は収束した。

　どこの国の海軍でも、叛乱を起こした艦名は嫌悪される。ロシア海軍もそれは同じで、1905年10月9日付で「クニャージ・ポチョムキン・タヴリチェスキー」は「パンテレイモン」と改名された。ところが本艦はまたしても叛乱に加担する。1905年11月24日に起こったセヴァストーポリ蜂起に加担したのだ。しかしこの蜂起も失敗に終わった。

　その後、「パンテレイモン」は座礁事故を起こしたが修復された。そして第一次大戦に参加するが、ロシア革命の勃発によって1917年4月13日、艦名が再び人民蜂起の伝統を担った「ポチョムキン・タヴリチェスキー」へと戻された。ただし貴族（公爵）の称号の「クニャージ」は外されている。

　しかし、革命で誕生した新生の社会主義国家の軍艦名が貴族の名ではやはりまずいということになり、早くも5月11日に、またしても艦名が「ボレツ・ザ・スヴォボドゥ」へと変更された。そして10月12日には同艦名のままウクライナの旗を掲げた。

　社会主義革命の嵐の中で「ボレツ・ザ・スヴォボドゥ」はセヴァストーポリに放棄され、同地に侵攻したイギリス・フランス干渉軍が1918年11月24日に鹵獲。同軍は撤退に際して機関を爆破した。その後、最終的に本艦はソ連海軍の手に入ったが、修復する価値なしと見なされ、レーニンの指示で解体のため1925年11月21日に除籍。解体後は主マストの一部が灯台として再利用され、後部マストは今日、オデッサ歴史博物館に展示されている。

　民衆革命という巨大なうねりに翻弄された「クニャージ・ポチョムキン・タヴリチェスキー」。艦名の由来となった生前の彼は、世界史上に燦然とその名を耀かせる名女帝エカテリーナⅡ世にもっとも寵愛された愛人として、彼女の治世を陰から支えていたと伝えられるのもまた、歴史の1ページである。

▶黒海艦隊用に「クニャージ・ポチョムキン・タヴリチェスキー」よりも前に就役した「ドヴィエナザット・アポストロフ」。当時の類別では艦隊装甲艦であり排水量は8709トンで「クニャージ・ポチョムキン・タヴリチェスキー」の三分の二程度のサイズだった。本艦はポチョムキンの反乱時には鎮圧艦隊に加わっている。
なお映画の『戦艦ポチョムキン』の甲板上でのシーンの撮影は当時ハルクとして使用されていた本艦と練習巡洋艦「コミンテルン」で行なわれた。

同時期の「ボロジノ」級戦艦とは明らかに異なる設計の「クニャージ・ポチョムキン・タヴリチェスキー」。本艦は極端に乾舷が低く航洋性に乏しかった。建造し配属された黒海は穏やかな海域のためこのような船体形状となったのだろう。北欧諸国で建造された海防戦艦に似た性格の戦艦だったと言えよう。

クニャージ・ポチョムキン・タヴリチェスキー
1905年 就役時

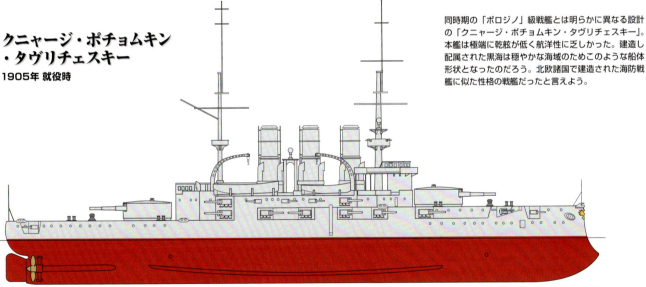

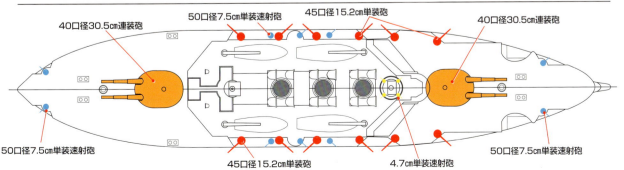

単一巨砲搭載と蒸気タービン機関による高速化、ふたつのコンセプトを組み合せて生まれた新時代の戦艦

戦艦ドレッドノート
Battleship HMS Dreadnought

戦艦の設計において革命をもたらしたといわれる「ドレッドノート」。本艦の登場により一夜にして在来型の戦艦は旧式艦とみなされることとなった。その結果、列強各国において熾烈な建艦競争が起こり、それによって皮肉にも「ドレッドノート」自身は急速に陳腐化してしまった。「ドレッドノート」の設計のどこが"新しかった"のか？ 既存の技術の組み合わせによって誕生した革命児のプロフィールを紹介しよう

1907年4月、砲熕試験を実施すべくポーツマスを出港する「ドレッドノート」。就役後まだ4か月ほどだが、最新鋭戦艦ゆえ、すでに本国艦隊の旗艦となっていた。1番煙突からの排煙は、低速航行中なのでこの写真ではわずかに斜め前方にたなびいているが、同煙突のやや後ろに立てられた3脚檣の上に射撃指揮所があるため、風向や速度によっては排煙と熱気で射撃指揮に支障をきたすこともあったという。そういった理由もあり、後檣上の射撃指揮所は2番煙突の影響を受けにくい低い位置に設けられた。前ド級戦艦に比べて、中間砲や副砲がごたごたと配置されていない艦形がすっきりと見え、いかにも近代的な印象を受ける。20世紀初頭、第一次大戦前でまだ艦船へのカモフラージュ塗装が一般化していない時代を象徴する、洋上における偽装効果をわずかに備えていた明るいグレーの単色塗装が美しい。

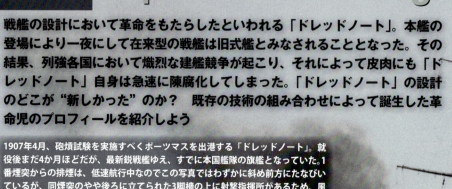

要目　ドレッドノート（1906年）
常備排水量　　　　　　　　1万8110トン
全長　　　　　　　　　　　160.6m
全幅　　　　　　　　　　　25.0m
出力　　　　　　　　　　　2万3000hp
速力　　　　　　　　　　　21ノット
航続距離　　　　　　　　　6600nm/10ノット
兵装　　　　45口径12インチ連装砲×5
　　　　　　45口径12ポンド単装砲×27
　　　　　　18インチ単装魚雷発射管×5

戦艦ドレッドノート

■「ド級」出現前夜

　19世紀末から20世紀初頭にかけては、当時の「国力の象徴」であり「海戦の王者」でもあった戦艦という艦種の運用と設計の思想が、短期間でドラスティックに変化した時期であった。この大きなトレンドを引き起こした「張本人」が「ドレッドノート」である。だが、わが国でも「弩級」の当て字をもって表わされるほど象徴的な本艦は、突然変異的に誕生したわけではない。生まれ出る背景が醸成された結果、必然として誕生したのだ。

　日清戦争中の1894年9月17日に戦われた黄海海戦では、戦艦（当時は「装甲艦」と呼称）同士が砲火を交えた。しかし、当時は砲側照準射法（個砲独立照準射法）が主流で、射距離が伸びれば伸びるほど命中精度が低下するため、交戦距離は3000m前後だった。これが理由で、戦艦の大口径主砲は、その長所のひとつの遠距離砲撃能力を発揮できなかった。もうひとつの長所である大威力もまた、砲弾や発射薬が重く再装填に時間がかかり発射速度が遅いせいで、ここ一番の切り札的な役割こそ担っていたが「砲戦の主役」とはならなかった。そのうえ、技術的未熟さが原因で、当時の艦砲は大口径であればあるほど故障も多かった。

　このような主砲の弱点をカバーするため、戦艦には、主砲よりやや小口径の中間砲や、さらに小口径の副砲が多数装備されていた。これらの砲は射程も威力も主砲には及ばないものの、3000m前後の交戦距離で短時間に多くの砲弾を発射し、敵艦に多数の命中弾を与えてダメージの蓄積による無力化を図る。そして最

●1906年2月10日、進水直後の「ドレッドノート」。本艦の起工は1905年10月なのでわずか3ヶ月で進水にまでこぎつけたこととなる。就役は1906年12月で起工から1年2ヵ月後だった。これは従来の戦艦と比較するとかなり早く、いかに本艦への期待が大きかったかがわかる。前ド級戦艦である「ロード・ネルソン」級などは起工から就役まで通常3年程度かかっている。なお本艦の建造スピードは例外的なもので量産型ド級戦艦ともいえる「ベレロフォン」級では前ド級戦艦同様3年程度の建造期間を要している。写真の右側が艦首だが水面下にラム（衝角）のような膨らみがある。これは本文でも紹介されているとおり衝角ではなくブラウバウという艦首側の浮力を増そうという構造だった。ラムを廃止した「ドレッドノート」だったが皮肉にもこのブラウバウでドイツ海軍の潜水艦を体当たりで撃沈している。

後は、主砲かラミングで止めを刺すという戦い方が想定されていたのである。

ところが1904年2月に始まった日露戦争では、照準技術と主砲の信頼性の向上によって、交戦距離が約6000mに伸びた。さらに日本海軍は、まだ完全なものではなかったが、のちの公差射法の基本となる斉射も実施している。

ちなみに公差射法とは、見晴らしのよい高所に設けられた射撃指揮所で射撃方位盤を用い、艦上の同一口径主砲全部でひとつの目標に向けてそれを包み込むように一斉射撃を行い、弾着観測を容易にして命中弾を得る射法である。

一方、イタリア海軍造船技官ヴィットリオ・クニベルティは、中間砲や副砲を一切備えず、代わりに12インチ主砲12門を装備して片舷砲力、首尾線砲力ともに8門、最大速力24ノットという単一口径砲搭載の高速戦艦を構想した。だが同海軍は、海軍自身の保守性や高額な建造費の問題から、本案を採用しなかった。

そこでクニベルティは、イタリア海軍上層部の許可を得たうえで、同案を「イギリス海軍に最適な戦艦」と題して『ジェーン海軍年鑑』に寄稿。1903年版の同年鑑に掲載された。

■ 生みの親、フィッシャー

このような状況下、1905年10月にジョン・アーバスノット"ジャッキー"フィッシャー提督（大将）がイギリス海軍第1海軍卿に就任すると、事態は急速に動き出す。海軍の艦艇や設備に関する総責任者である第3海軍卿と人事の総責任者である第2海軍卿、そのどちらも歴任して「海軍の至宝」とも称された彼は、かねてから公差射法の信奉者であり、同時に、速力こそが最大の防御力と公言して憚らなかった。

そこで、1904年に創設されていた軍艦設計委員会に対し、イギリス海軍における公差射法の実験データや同盟国である日本海軍の日露戦争時の実績、クニベルティの論文などを加味した新時代の戦艦を案出するよう求めた。これを受けて、同委員会はフィッシャーの指導の下、新たな発想に基づいた戦艦の構想をまとめ上げたが、それは次のようなものだった。

当時の一般的な戦艦は、連装の主砲塔を首尾線上の艦の前後に1基ずつ備え、片舷砲力4門、首尾線砲力2門だった。だが本艦では、12インチ連装砲塔を首尾線上の艦の前後と中央部やや後方に1基ずつ計3基6門を配したうえ、艦中央部の左右両舷に各1基2門ずつ備えることで、片舷砲力8門、首尾線砲力6門という、従来の戦艦に倍する火力を実現。しかも公差射法を主要して、遠距離砲戦能力と命中精度の向上を図った。そしてこういった理由から、中間砲も副砲も装備しない。

同様に、当時の一般的な戦艦の速力は18ノット前後だったが、本艦の速力は、それを3ノットも上回る21ノットとされた。その理由は、敵よりも優速なことで戦場でのイニシアチブを獲得するためである。

つまり、優速を利して敵艦の中間砲や副砲の射程内に入らないように「間合い」をとりながら、敵艦に倍する主砲を用いて、一方的に敵艦を叩こうというわけだ。そして、敵が逃走すれば優速をもって追撃し、こちらが不利になれば、逆に優速を駆使して避退するのである。

本艦に高速が求められた理由はもうひとつあった。実はフィッシャーは「古い海軍」を一掃して「新時代の海軍」へと脱皮させるべく、今流にいうならリストラの大鉈を海軍内部の随所で振るっていたが、そのなかに派遣艦隊の合理化案が含まれていた。これは「出先」である植民地の派遣艦隊を縮小または解消する代わりに本国艦隊を強化し、有事には、当該海域に本国艦隊の一部を派出するという考え方で、「足の速さ」はこのような場合にも有利だった。

そこで所期の速力を得るために、本艦では従来のレシプロ機関に代えて、パーソンズ式反動タービンの高速型2基と低速型2基を搭載した。当時、タービンはやっと実用段階に入ったばかりの技術で、駆逐艦に搭載してテクニカルな情報を蓄積中であり、フィッシャーの英断により、世界で初めて戦艦に搭載されることになったのだった。

ほかにも、主砲発射時の強烈な爆風に耐えられるよう、従来の単檣楼に代えて

戦艦ドレッドノート

3脚檣が採用され、遠距離砲戦を主体に戦うので、存在意義が消失したラムが廃止されている。

■短かった「頂点の時代」

かくして「ドレッドノート」のスペックは決まったが、次はその建造である。クニベルティ論文の影響もあり、列強の海軍も遅かれ早かれ「ドレッドノート」理論に辿り着くだろう。ならば、可能な限り早く本艦を戦列に加えて実績をつくることが重要だった。

そこで1905年10月2日、「ドレッドノート」は世間にそのスペックを一切伏せたまま、「単なる新しい戦艦」としてポーツマス海軍工廠で起工され、同工廠はほかのすべての作業を中止して本艦の建造に全力を注いだ。その甲斐あってわずか4か月後の1906年2月10日に進水し、同年12月2日には就役するという、戦時でもないのに驚くべきハイ・ピッチで戦力化された。

「ドレッドノート」の登場により、それまでの戦艦は一夜にして一挙に陳腐化。「前ドレッドノート級」を略した「前ド級」という新造語で表わされるようになった。だがこの時期の戦艦の急速な変革は、すぐに本艦の性能を凌駕するオライオン級のような「超ドレッドノート級」、すなわち「超ド級」戦艦の出現を促した

▲「ドレッドノート」に搭載された45口径12インチ連装砲塔。この主砲自体は新開発のものではなく前ド級戦艦の「ロード・ネルソン」級と同じものだった。これはもともとは40口径用に開発された砲塔を45口径にしたもので長砲身化したバランスを取るために背面装甲板を前面より51mmも厚い330mmとし、さらに砲塔下部にスカートのようなバランサーを取り付けていた。本来ならば砲塔は新開発すべきものだったが工期を短縮するため「ロード・ネルソン」級のものを流用することとなったのだ。

主砲上には対水雷艇用の12ポンド（7.6cm）速射砲が搭載されていた。主砲の搭載を最優先した結果、この副砲の搭載位置に困り、主砲塔上など爆風の影響を受ける位置に搭載せざるを得なかった。

ので、本艦の「頂点の時代」は意外にも短く、急速に旧式化。魁であるがゆえの逸早い老化に見舞われた。

そのため、第一次大戦勃発直後にこそ旧式艦（わずかに「8年落ち」で）ながら第1線部隊の末席に列されていたものの、大戦中期には、かつての高速艦がなんと低速ゆえ艦隊行動に不向きとされ後衛艦隊に異動。海戦には1度も参加せず、皮肉にもラムを廃した身ながら体当たりでドイツ潜水艦U-29を撃沈したが、これは戦艦による唯一の潜水艦撃沈例となった。

そして大戦終結直後の1919年2月25日、ロサイスで予備役に編入され1920年3月31日に除籍。1921年5月9日、4万4750ポンドで売却され1923年にインヴァネスでスクラップにされた。

だが「恐れ知らず」の「彼女(いくさぶね)」の栄光は、単なる戦船としての武勲ではなく、より重要な一時代を築いた銘艦として世界の軍艦史にその名を刻んだことで、今日もなお燦然と光り輝いている。

ドレッドノート
1906年 新造時

船体のレイアウトで特徴的なのはやはり主砲塔の配置だろう。在来型の戦艦の場合、58ページの「三笠」で紹介したとおり船体の前後に2基の連装砲塔を配置するだけだったが「ドレッドノート」では倍以上の5基を配置している。

「ドレッドノート」では艦首方向に向けて3基の主砲を指向することが可能でこれは前ド級戦艦の3倍、舷側方向に向けても4基となり同じく前ド級戦艦の2倍の砲戦力を持つこととなる。ただし背負式砲塔配置は実現しておらずそのためP砲、Q砲のレイアウトにはまだ無駄がある。背負式砲塔は弾薬庫の短縮に繋がり、防御力の強化という効果ももたらした。

イギリス海軍戦艦ドレッドノート
ズベズダ1/350
インジェクションプラスチックキット
製作／細田勝久

イギリス海軍の主砲の名称は独特で艦首側のものはAから順番に名付け、艦尾側のものはXから順番に名前をつける。その中間のものはP〜の名前となる。「ドレッドノート」の場合は前からA砲、P砲（左側）、Q砲（右側）、X砲（煙突後ろ）、Y砲（艦尾）となっている。

防御力に関しては全長が長くなったため充分な装甲が施されていなかった。これは「ドレッドノート」の数少ない弱点で舷側装甲はA砲塔からY砲塔までしか覆っておらずまた大落下角弾に対する水平防御力はかなり薄いもので妥協していた。

現代に通じるデザインを確定させた潜水艦の始祖
潜水艦ホランド
Submarine USS Holland

近代以前にも水中に潜ることのできる船、潜水艦についてはさまざまな試みがなされていたが、それらは沿岸域でごく短時間潜ることが可能なだけの存在だった。現在に通じる実用的な潜水艦の設計は本項で紹介する「ホランド」より始まったといってよいだろう。"近代潜水艦の父"と称されるホランドの生涯と彼が設計したいわゆる「ホランド」級潜水艦について見てみよう

呉の港内に係止された『第一潜水艇』。アメリカ海軍の「ホランド」の改修型で、実用性の低さが判明したダイナマイト砲は装備していない。ロシア海軍が保有するホランド型やサイモン・レーク設計のプロテクター型に対抗すべく、アメリカのエレクトリック・ボート・カンパニーに本艇を含む同型艇5隻が発注された。ただし就役が1905年だったので日露戦争には間に合わなかった。当初は第一〜第五潜水艇と呼ばれたが、1919年に潜水艦の名称が用いられるようになると第一〜第五潜水艦に改称されている。なお日本海軍では、「ホランド」のことを長音を入れて「ホーランド」と呼んだ。

🇺🇸 潜水艦ホランド

要目　ホランド型（日本海軍第1潜水艇）	
基準排水量	103トン（水上）／124トン（水中）
全長	20.42m
全幅	3.63m
出力	180hp
速力	8ノット（水上）／7ノット（水中）
航続距離	264/8ノット
兵装	45㎝魚雷発射管×1

■人類の夢

　古来より、人類の夢は二つあった。ひとつは空に浮かんだままでいること、そしてもうひとつは、水中に潜ったままでいられることだ。いずれも地表という「縦と横」の世界に、「高さ（水中の場合は深さ）」が加わった空間である。

　そして前者は気球を経て航空機に至った。一方、後者は潜水鐘から潜水球を経て潜水艦へと至る。特に空に比べて水中は、沈んだ財宝のような直接利益につながるものも、食料となる魚介類や有用な鉱物などの資源もあるため、世界中で同時多発的に「潜水」への挑戦がなされた歴史がある。

　だが、それに加えて「潜水」の発達を促したのが軍事利用であった。空も水上も敵の姿を肉眼で見つけられるが、水中に潜んだ敵を見つけるのはかなり困難だからだ。「海の忍者」あるいは「究極のステルス」ともいえよう。このような背景に基づき、世界各国の発明家や造船技師は、軍用を目的とする潜水艦の開発に重点を置いた。

　しかし、フネを沈めてからまた浮かべる技術や水中を進ませる技術は当初、きわめて信頼性に欠けるもので、潜航中にたやすく事故を起こして浮上不能になったり、水中をわずかな時間しか航行できないうえ速度がとてつもなく遅かったりした。要は理論が先行して、それを現実のものとする技術がともなっていなかったのである。

75

◀1901年、ニューヨーク海軍工廠のドライドックで点検中の「ホランドVI」(手前)。ホランドが建造した6番目の潜水艦でのちにアメリカ海軍最初の潜水艦「USSホランドSS-1」と命名される。後ろに見える巨大な艦影はロシア海軍の発注を受けて建造中の戦艦「レトヴィザン」。「レトヴィザン」は完成後、ロシア太平洋艦隊の配属となり、旅順に回航されて日本海軍と死闘を演じた。日露戦争後は日本海軍により捕獲され戦艦「肥前」として再就役した。

■ホランドという男

1840年2月29日、アイルランドのリスカノーにある沿岸警備隊官舎で一人の男児が生まれた。その名はジョン・フィリップ・ホランド・ジュニア。父親のジョンはイギリス沿岸警備隊員で、ホランドは男ばかり4人兄弟の二番目として生を受けた。のちに、当時は世界に数名しか存在しなかった潜水艦技術者となる運命を背負っていたが、4年に一度の閏日生まれだけあって、人とは違った才能を持ち合わせていたのかも知れない。

ホランドはアイルランドでキリスト教系の学校に学んで高等教育を受けると、頭脳明晰な彼らしく数学教師として働いた。そして1873年、アメリカへと移民して、ニュージャージー州で再び教職に就いた。

アイルランドのコークで教師をしていた頃、ホランドは南北戦争における海戦の逸話を読み、喫水線よりも上の随所に堅固な装甲を施された艦船を沈めるには、水線下に穴を穿って大量に浸水させるのが最良の手段と考えた。そして、その穴を穿つために水中を進む乗り物として、すでに存在こそしていたものの、よちよち歩きだった潜水艦の性能向上を思い描いたのだった。

移民後のある日のこと、ホランドは不幸にも転倒して足を骨折。入院する事態となった。だがこの入院期間が、奇しくも彼が以前から温めていた「潜水艦性能向上案」の構想をまとめるための時間を与えてくれた。

ホランドは1875年にはじめて潜水艦「ホランド設計1」の構想をアメリカ海軍に提示したが、結果は不採用だった。だが1881年、アイルランド人連盟の援助を得て「フェニアン・ラム(ホランド設計3)」を建造。同艦は潜水艦として一応の完成を見た。

1893年3月、アメリカ海軍は懸賞金をかけて潜水艦の設計を公募した。まだミリタリー・エンジニアリングが大企業化されておらず、個人の才能や閃きが新兵器を生み出せた時代の、それも民主主義の新生国家らしい手法といえよう。

この公募には、野砲のノルデンフェルト鎖栓で有名なトールステン・ノルデンフェルト、車輪で水底を走行する潜水函を開発したサイモン・レーク、そしてホランドの3人がエントリーした。スウェーデン生まれのノルデンフェルト、アメリカ生まれのサイモン・レーク、アイルランド生まれのホランドと、いかにも移民の国のイベントらしい面子揃いである。

ホランドが提出した設計は、もっとも実現可能で成功の見込みが高いと判断された。かくて彼はこの公募の最終勝利者となり、1895年3月、20万ドルの建造契約を締結して「プランジャー(ホランド設計7)」の開発をスタートさせた。

実はアメリカ海軍は過去に2度、同様の公募を行っており、いずれの公募でもホランドが勝利していたが、実際の建造には至らなかったという経緯があり、彼にしてみればこの結果は「三度目の正直」であった。

「プランジャー」は蒸気エンジンで水上航行と発電を行い、その発電で得た電力を蓄電池に溜めておく。そして蓄電池からの電力で作動する電動モーターで水中航行を行う設計だった。ところが潜水艦全体が完成する前の部分評価試験で蒸気エンジンの発熱量が大きすぎるなど、各部における問題が判明した。

ホランドは諸問題の解決に知恵を絞ったものの、最終的に改善不能の判断を下し、結局、「プランジャー」は未成で終わってしまった。

潜水艦ホランド

■栄光の艦籍番号SS-1

「プランジャー」の失敗を糧に、ホランドは新しい潜水艦の設計を精力的に進めた。これが「ホランドVI（ホランド設計9）」である。同艦は、その番号からもわかるように彼が設計して実際に建造された6隻目の潜水艦だったが、設計としては9隻目となる。

海軍の要望に応えるべく、蒸気エンジンの過剰発熱や革新的機構を盛り込みすぎて故障が続発し、結局は開発が中止された「プランジャー」の反省を踏まえて、ホランドは「ホランドVI」には手堅い機構を採用し、信頼性の高さに重点を置いて設計を進めた。

両者の最大の相違点は、「プランジャー」が水上航行兼発電用の主機に蒸気エンジンを採用したのに対して、「ホランドVI」では、内燃機関としてすでに実績のあるガソリン・エンジンを採用したことだ。

「ホランドVI」の建造は彼の自己資金で行われ、自身の会社であるホランド・トーピード・ボート・カンパニー（のちにエレクトリック・ボート・カンパニーと合併）が設計監理にあたり、1896年11月にニュージャージー州エリザベスのクレッセント造船所で起工された。同造船所側では設計主任アーサー・レオポルド・ブッシュがホランドの指示を受ける建造責任者となり、1897年5月17日に進水を迎えた。

完成後も「ホランドVI」は数年間に渡ってホランドの監督下で試験運用が実施されたが、その間の1897年には事故で沈没している。しかしサルベージされて各部にさまざまな調整や改修を加えたうえで、試験運用が続けられた。

そして初期不良がほとんど解消された1900年4月11日、アメリカ海軍が15万ドルで買い取り、同年10月12日、ロードアイランド州ニューポートで正式に就役。生みの親に敬意を表して「ホランド（USS Holland）」と命名されたうえ、同海軍最初の記念すべき潜水艦艦籍番号SS-1を付与された。ちなみに本艦以前にもアメリカ海軍は「アリゲーター」と「インテリジェント・ホエール」という2隻の潜水艦を保有したが、どちらにも艦籍番号は付与されなかった。

初代艦長はハリー・ハンドリー・コールドウェル中尉だったが、彼は「ホランド」が海軍に正式に就役する前から指揮に任じていた。というのも、当然といえば当然だが、アメリカ海軍には近代的潜水艦の艦長経験者がまだいなかったからだ。事実上、アメリカ海軍史上初の潜水艦艦長となった彼は、以降、同海軍における潜水艦の運行要領や乗組員教育の責任者という大任をはたして行くことになる。

「ホランド」の武装は、18インチ魚雷発射管1門（魚雷3本搭載）と、8インチのダイナマイト砲1門だった。特筆すべきは後者で、当時主流となっていた黒色火薬よりも大威力ながら、火砲の砲弾に充填して撃ち出すと衝撃で爆発してしまう恐れのあるダイナマイトを充填した砲弾を、射出時の衝撃が発射薬に比べてはるかにソフトな圧縮空気を使って撃つ砲である。だが「時代のアダ花」的な兵器であり、実用性は低かった。

かくて、既存の潜水艦関連技術の巧みな組み合わせとそれらの機能向上を主に、ホランドのアイデアをスパイスを効かせるように加えて誕生した「ホランド」は、実用化された近代潜水艦の原点となり、イギリス、オランダ、日本など各国の海軍で小改修型が相次いで採用された。今日、ホランドが「近代潜水艦の父」と称される所以である。

ただし注意したいのは、「ホランド型」や「ホランド級」と言った場合、必ずしもSS-1の「ホランド」の同型艦や小改修艦を示すわけではない、という点だ。ホランド自身、SS-1の「ホランド」以降も積極的に潜水艦の設計を続けており、それら設計が異なる潜水艦も含めて、ホランドが手掛けた潜水艦はそう呼ばれたのだ。

また1904年には、考え方や方針の違いからホランドはエレクトリック・ボート・カンパニーを離れ、以降、同社製潜水艦に自分の名を付与することを禁じた。しかし彼の名は世界的に知られていて潜水艦とは切っても切れないものだったため、自らが名前の使用を禁じても周りが「ホランド型」や「ホランド級」と勝手に称した。まあこれは、見方を変えれば名誉なこととらいえよう。

ところで就役後の「ホランド」は、黎明期の潜水艦の実用性を探る各種の試験や実験、運用技術や乗組員の訓練に多大な貢献をはたしたのちの1910年11月21日、一度も戦火をくぐることなく退役。その後、スクラップとされて生涯を閉じた。

「沈黙の深海に咲いた歴史的名花」の最期は、自らが未来の可能性を演じたステージ——深海——と同じく、ひっそりと静まったものだった。

ホランド型潜水艦
（全長20.4m、排水量103トン）

IX C型潜水艦
（全長76.8m、排水量1120トン）

乙型潜水艦
（全長108.7m、排水量2198トン）

いわゆるホランド型潜水艦と第二次大戦時の潜水艦とのサイズの比較。本稿で紹介されている「ホランドVI」は小さく全長19mで排水量64トンだった。
中段は第二次大戦時のドイツ海軍のIX C型潜水艦。大量生産されたVII型（全長67m、排水量769トン）よりもやや大きく遠距離作戦に投入された。

下段は太平洋戦争における日本海軍の主力潜水艦である乙型。日本海軍は広い太平洋で行動することを前提としており列強海軍の中でももっとも大型の潜水艦を量産していた。乙型とホランド型を比較すると全長で5倍、排水量で20倍の開きがある。ホランド型のサイズは乙型に搭載した甲標的（全長23.9m、排水量46トン）に近い。

堅い防御で史上最大の海戦を生き延びた殊勲の巡洋戦艦
巡洋戦艦ザイドリッツ
Battlecruiser SMS Seydlitz

戦艦と同等の砲力と巡洋艦並の速力を併せ持った巡洋戦艦のコンセプトはイギリス海軍が戦艦「ドレッドノート」と同時期に生み出したものだった。巡洋戦艦の誕生はこれまで準主力艦として艦隊を構成していた装甲巡洋艦の存在を一気に消し去るもので各国に波及して行った。イギリス海軍と海軍力整備を互いに競い合っていたドイツ海軍もこれに追従し独自の巡洋戦艦を設計してゆくことになる。イギリス海軍とは異なるアプローチで整備されたドイツ巡洋戦艦の姿をご覧に入れよう

要目　ザイドリッツ（1913年）
常備排水量　　　2万4594トン
全長　　　　　　200.6m
全幅　　　　　　28.5m
出力　　　　　　6万3000hp
速力　　　　　　26.5ノット
航続距離　　　　4700nm/14ノット
兵装　　　　　　45口径28cm連装砲×5
　　　　　　　　45口径15cm単装砲×12
　　　　　　　　45口径8.8cm単装砲×2
　　　　　　　　50cm魚雷発射管×4

巡洋戦艦ザイドリッツ

■巡洋戦艦の出現

1905年10月にイギリス第1海軍卿に就任したジョン・アーバスノット"ジャッキー"フィッシャー提督（大将）は、軍艦にかんする先進的理論の信奉者で、独自の理論も温めていた。その彼が世に送り出した成功作が「ドレッドノート」であり、これと対で生み出されたのが巡洋戦艦である。

フィッシャーは、持論の脆弱な防御力を高速で補うという発想を盛り込み、防御力こそ戦艦に劣るが装甲巡洋艦よりは堅固で、戦艦と同等の火力を備えて装甲巡洋艦の任務をすべて遂行でき、その装甲巡洋艦をも「狩れる」新しい艦種として巡洋戦艦を案出したのだ。彼は艦隊において、この艦種の戦隊をド級戦艦の戦隊とセットで運用することを考えていた。

こうして世界初の巡洋戦艦「インヴィンシブル」級が建造されると、当時、イギリスのグランドフリートに対抗してホッホゼーフロッテを整備していたドイツも、黙っているわけにはいかなくなった。

「軍艦、国家の当直に就く。針路ようそろ、全速前進！」

これは海軍好きのカイザー・ヴィルヘルム2世がビスマルク政権と対立して失脚させ、ほぼ実権を得た1890年にザクセン・ワイマール大公へと送った電文である。

ドイツ海軍初の巡洋戦艦（大型巡洋艦）「フォン・デア・タン」を始点として、これに改修を加えた「モルトケ」級2隻が中間点となり、それらの終点となったのが本艦である。この写真でも一目瞭然のごとく「モルトケ」級が備える長船首楼型船体に対し、さらに一層の船首楼が上乗せされている。実は「モルトケ」級は凌波性に劣っていたのでこれを改善するためのデザインで、船首部の乾舷が高くなったことで問題は解決された。イギリス巡洋戦艦は総じて戦艦並みに背が高いが、ドイツ巡洋艦はシルエットがきわめて低く設計されていた。その理由は、季節により霧や靄が発生しやすい北海やバルト海において、背の低さによりそれらに紛れることで敵からの視認を妨げるためであった。艦首にはドイツ海軍の伝統で、艦名由来の人物の家紋のエンブレムが描かれている。

●28cm連装砲塔を5基搭載した「ザイドリッツ」。中央部の2砲塔は前後にずらして搭載するアン・エシュロン配置となっている。煙突基部の形状を変形ひし形にすることで反対舷への射撃を可能としている（写真でも左舷側に配置された3番砲塔を右舷に指向しているのがわかる）。前級の「モルトケ」級で欠点とされた凌波性は長船首楼船体の艦首部をより高くすることで解消された。

　以降、海軍の整備を着々と進めてきたドイツは、早速、イギリス巡洋戦艦への対抗策を講じた。それがドイツ初の巡洋戦艦で、同海軍では大型巡洋艦と称された「フォン・デア・タン」である。

　この「フォン・デア・タン」に続いてその改良型の「モルトケ」級2隻が建造され、「インヴィンシブル」級3隻への対抗馬とされた。そして「フォン・デア・タン」からの一連の流れを汲む巡洋戦艦の完成形として建造されたのが、「ザイドリッツ」であった。

■求められた「沈みにくい」軍艦

　ヴィルヘルム2世の信頼も厚い海軍大臣アルフレート・フォン・ティルピッツは、軍艦に対して「沈みにくい」ことを求めた。彼の言の内容をごく簡単に解くと、軍艦は浮いている限り敵にとって脅威であり、浮いていればこそ修理もきく。だが沈んでしまえばなんの役にも立たないという、当たり前かつきわめてシンプルだが、本質的な考え方である。

　そのためティルピッツ時代のドイツ軍艦、特に主力艦の設計は、攻撃のみならず防御にも重点が置かれ、造船技術もその点を重視した発展を遂げた。もちろんこの考え方は巡洋戦艦にも該当する。

　その結果、本家たるイギリスにおける理論では、戦艦並みのパンチ力を備え、装甲の弱さを足の速さで補うのが巡洋戦艦とされていたが、ドイツ海軍における巡洋戦艦の防御力は、かなりしっかりとしたものとなっている。例えば、これを排水量に対する装甲重量の比率で見ると、「インヴィンシブル」級の19.9％に対して「フォン・デア・タン」は32.7％もあったが、この値はイギリスのド級戦艦にも勝るものだった。

　当時、列強海軍では集中防御方式が主力艦の防御設計の主流となりつつあったが、ドイツではそれだけでなく、旧来の全体防御と、特に艦首と艦尾の防御も怠ることなく重視した。特に艦首部は被害を蒙った際の艦首波の打ち込みによる浸水と、それにともなう沈下を防止すべく、外板の上部にまで装甲を施すという特徴が見られた。

　また、大口径艦砲を搭載した主力艦級の艦種にとり、弾薬庫と弾薬の防御は最重要の問題である。海戦史を繙けば、これらに火が入り大爆発を起こして沈んだ、「本来なら堅牢」なはずの主力艦の数がいかに多いことか。

　そこでドイツ海軍では、主砲塔のバーベット部に対し、防御甲板に達する深い位置まで厚い装甲を施した。さらに火災や爆発の根源ともいえる装薬に対して、延焼や誘爆を軽減させる措置をしている。1発ごとの装薬を主装薬と副装薬に分けて、主装薬は真鍮製ケージングに、副装薬は絹袋に詰めたうえで鋼製ケージングに収納することで、延焼や誘爆の危険から遠ざけようとしたのだ。使用時にはそれぞれのケージングから装薬を取り出さねばならないため装填作業は煩雑になるが、その手間に見合った効果を得られたことを、第一次大戦の戦訓は示している。

　ドイツの主力艦は水防対策も厳重であった。これは日露戦争での被害の分析に基づくもので、艦内の水密区画を細分化したうえで、特に浮力の維持が求められる艦首部と艦尾部の水密性を重視。横隔壁を堅牢な造りとし、乗組員の艦内移動時の不便を忍んで、水線下の横隔壁には交通用の扉を極力設けなかった。

　さらに、重要な機器類の分散配置もごく早い時期から行われており、これに関連して、火災、浸水、傾斜に対する注水・排水機能の高さや防火・防水区画の厳密な設定などといったダメージコントロールも、ドイツ海軍ではきわめて進んでいた。

■実証された「ザイドリッツ」の堅牢性

　かような次第で、ドイツの巡洋戦艦は本家イギリスの巡洋戦艦に比べてはるかに堅牢だったが、これには理由がある。

　イギリス海軍は、巡洋戦艦は高速を利して敵弾を回避し、戦況不利と見れば、やはり高速を利して戦闘から離脱すればよいという考え方であった。一方、霧や霞、靄などが生じやすく視界が悪いバルト海や北海を主戦場とするドイツ海軍は、たとえ主力艦同士の撃ち合いといえども主に中～近距離で行われると判断し、防御をなおざりにしてはならないと

巡洋戦艦ザイドリッツ

◀ユトランド沖海戦で多数の命中弾を浴びて大破しつつも帰還した「ザイドリッツ」。右舷側に大きく傾斜しているのが写真からもわかる。損傷により5000トンもの浸水が生じた「ザイドリッツ」は3ノットという低速でかろうじて母港に帰り着いた。ユトランド沖海戦時は波が穏やかだったことも本艦の生還に結びついた。

考えたのである。

こうして誕生した「ザイドリッツ」は1913年5月22日に就役したが、直後に勃発した第一次大戦において、戦前のドイツ海軍の予想は的中。だが、あらかじめそれに備えた設計を施されていたおかげで、本艦は二度までも死地を脱することになる。

まず1915年1月24日のドッガー・バンク海戦である。この戦いで、第1偵察群に所属していた「ザイドリッツ」はフランツ・フォン・ヒッパー提督（少将）の旗艦だった。

ところが、イギリス艦隊の旗艦でデイヴィッド・リチャード・ビーティー提督（中将）が座乗する巡洋戦艦「ライオン」の13.5インチ砲弾を5番砲塔のバーベット部に被弾。炸裂により装薬火災が発生し、通路の扉が開いていたせいで4番砲塔にまで延焼して全焼となった。だが5番砲塔被弾時、副長が弾薬庫への迅速な注水を命じたことと、ドイツ製装薬の燃焼速度が遅かったことで無事鎮火。被害の拡大を見ず自力で寄港できた。

この海戦では、「ライオン」もドイツ側の28cm砲弾2発を被弾したが、うち1発が前部砲塔側面に命中して貫徹ののち炸裂。破孔を穿って大浸水が起こり、ダメージコントロールの手際が悪く16度も傾斜して戦闘不能となり、浸水が機関室にまでおよんで機関停止。行動不能で僚艦「インドミタブル」に曳航してもらう事態に至っている。

二度目は、1916年5月31日から6月1日にかけて戦われたユトランド沖海戦である。この戦いで、イギリスの巡洋戦艦「インディファティガブル」「インヴィンシブル」「クイーン・メリー」の3隻がいずれも轟沈した。

一方、「ザイドリッツ」は21発もの大口径砲弾を被弾。さらに魚雷1本を被雷して最終的には5000トンを超える浸水により沈没寸前になりつつも、なんと自力航行でヴィルヘルムスハーフェンまで帰港した。また、同海戦では巡洋戦艦「リュッツオウ」が沈んでいるが、被害こそ敵の攻撃によるものの、ダメージコントロールが功を奏して帰港を試みている際、戦況に鑑みて曳航の継続が困難と判断され、味方の雷撃で引導を渡されている。

このユトランド沖海戦のエピソードは、イギリス巡洋戦艦に比べていかにドイツ巡洋戦艦がタフな造りだったか、そしてそのような造りにすべきことを予言した、ティルピッツ以下のドイツ海軍首脳部の先見の明を高く評価すべきであろう。

第一次大戦を象徴する大海戦ふたつに参加し、奇しくもどちらの戦いでも大損害を被りつつ生還。エーギルの「不幸と幸運の天秤」にかけられつつ二度までもその命脈を保った「ザイドリッツ」だったが、カイザー海軍の名誉を担い抑留先のスカパフローにて自沈した。「彼女」の命日は1919年6月21日である。

ザイドリッツ
1913年 就役時

もともとドイツ巡洋戦艦はイギリスに比べて防御力を重視していたが本艦はさらにそれを強化していた。その防御力により本艦はユトランド沖海戦で生還することができた。速力もドイツ海軍主力艦の中では最速で26.5ノット。同海軍は防御力を重視する反面、速力と砲力は同時期のイギリス巡洋戦艦よりも劣った。だがどちらの設計コンセプトが優れていたかはユトランド沖海戦で証明されたと言っていいだろう。

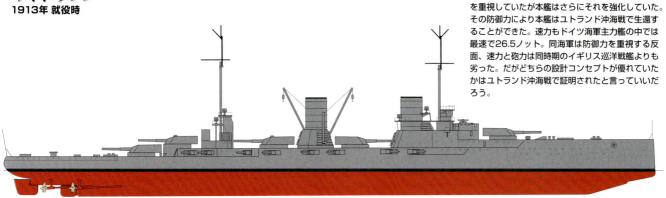

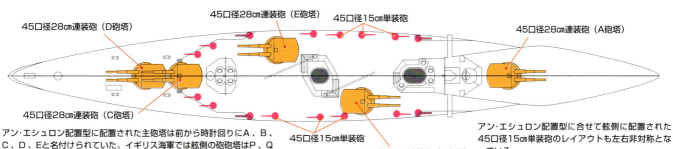

アン・エシュロン配置型に配置された主砲塔は前から時計回りにA、B、C、D、Eと名付けられていた。イギリス海軍では舷側の砲砲塔となり後部の砲塔はX、Y砲塔となるところだ（73ページ参照）。

アン・エシュロン配置型に合せて舷側に配置された45口径15cm単装砲のレイアウトも左右非対称となっている。

81

色状雑談 2-4
第二次大戦のドイツ軍艦命名法則

ドイツ海軍は統一後の歴史が浅く、また伝統的に陸軍国だったためいわゆる「伝統ある艦名」というものは少ない。ヨーロッパでは海軍提督の名前が艦名に採用されるケースも多いがドイツ海軍は第一次大戦でも規模の割に不活発で艦名の候補たり得るものはほとんどない。そのため陸軍軍人の名前が採用されることが多かった

　ドイツ海軍は、比較的規則的な命名法則を用いていたが、艦艇数が少ない割には不規則な例外的命名が多かった。

　まず戦艦の「ビスマルク」と「ティルピッツ」、巡洋戦艦の「シャルンホルスト」と「グナイゼナウ」には、ドイツ史上最上級の偉人の名が付けられている。ただしドイツは本来が大陸国家で陸軍大国だったため、4隻中、海軍軍人の名が冠せられているのは「ティルピッツ」1艦のみ。他は陸軍軍人（シャルンホルストとグナイゼナウ）と政治家（ビスマルク）である。

　装甲艦には、「アドミラル・グラーフ・シュペー」「アドミラル・シェーア」のように海軍軍人の名が付けられている。ただし、第一次大戦敗戦後のドイツが初めて建造した本格的な大型水上戦闘艦の「ドイッチュラント」だけには例外的に国名が冠せられた。しかし1939年末、陸軍軍人名のリュッツオーに改名。その理由は、ヒトラーが祖国ドイツの名を持つ軍艦が撃沈されることを懸念したからだといわれる。

　ドイツ海軍が3隻しか有さなかった重巡洋艦の艦名はばらばらで、「アドミラル・ヒッパー」のように海軍軍人の名も付けられているが、「ブリュッヒャー」のように陸軍軍人の名も付けられており、残る1隻には、なんと「プリンツ・オイゲン」という「外国」オーストリアの偉人の名が付けられた。というのも、同艦の進水直前にドイツが同国を併合したため、同国の国民感情への配慮と、両国ともに同じゲルマン系国家である縁から、この艦名が選ばれたといわれる。

　軽巡洋艦には、例えば「ニュルンベルク」、「エムデン」といった都市名が付けられていた。

　駆逐艦は、ドイツ語のZerstörerの頭文字の「Z」と数字を組み合わせた艦籍番号に加えて、Z1からZ22までは「レーベレヒト・マース」「ヴィルヘルム・ハイドカンプ」のように第一次大戦で勇戦した海軍軍人の名が付けられていた。しかしZ23以降は艦籍番号のみとなった。

　潜水艦は、ドイツ語のUnterseebootの頭文字の「U」の後ろに番号を付けて艦名とした。

（白石）

▲「ドイッチュラント」級装甲艦1番艦「ドイッチュラント」。1933年就役。ヴェルサイユ条約下での新生ドイツ海軍の象徴として就役時は注目を集めた。艦名はドイツという国そのものを象徴するもので第二次大戦開戦後に「リュッツオウ」へと変更された。これは戦闘によって撃沈された際の影響を懸念したからと言われる。

◀「ドイッチュラント」級装甲艦2番艦「アドミラル・シェーア」。陸軍国であるドイツ海軍では高名な海軍軍人が少なく大型艦の艦名に採用された例は「ティルピッツ」「アドミラル・シェーア」「アドミラル・グラーフ・シュペー」「アドミラル・ヒッパー」（いずれも第一次大戦時の提督）の4隻のみだった。

▶Z1級駆逐艦3番艦「Z3 マックス・シュルツ」。大型艦とは異なりZ級駆逐艦には第一次大戦時の水兵、下士官や水雷艇隊指揮官など比較的下級の海軍軍人の人名が多用されている。「マックス・シュルツ」は第4水雷艇隊の旗艦V69の艇長の名前から取られた。マックス・シュルツ中佐は1917年1月23日、ベルギー沖でイギリス巡洋艦部隊と交戦し戦死している。

84
アメリカ海軍
戦車揚陸艦（LST）
Landing Ship, Tank

88
アメリカ海軍
魚雷艇PTボート
Patrol Torpedo boat

92
イギリス海軍
フラワー級コルヴェット
Flower class corvette

第4部
その他の艦艇編

1000隻以上量産されて連合軍の反攻作戦を支えた「戦車の運び屋」

戦車揚陸艦（LST）
Landing Ship, Tank

戦艦や空母が活躍し制海権を得たからといって戦争に勝利できるわけではない。少なくとも大西洋戦域では地上に上陸部隊を送り込み、地上軍同士の対決によって雌雄を決する必要があった。地上戦の主役たる戦車を直接海岸へと送り込むことができる戦車揚陸艦、本艦の存在なしにヨーロッパ戦役の終結はなかっただろう

```
要目     LST（2）
基準排水量           1625トン
全長                100m
全幅                15.3m
出力                900hp
速力                11ノット
航続距離             6000nm/9ノット
兵装                40mm連装機関砲×2
                   40mm単装機関砲×4
                   20mm単装機関砲×12
```

🇺🇸 戦車揚陸艦（LST）

Dデー翌日の1944年6月7日、カナダ軍部隊の揚陸を行うLST175。ミズーリ・ヴァレー・ブリッジ＆アイアン・カンパニーで建造され、沿岸警備隊所属艦として1943年5月19日に就役した同艦は、東方任務艦隊の任務部隊Lに所属して「ネプチューン」作戦に参加した。今まさにランプ・ドアを降りつつあるのはカナダ第1工兵分遣隊の3トン積み4×4汎用トラック、カリールK6。カナダ軍なのにアメリカ軍標識の白星を描いている訳は、「オーヴァーロード」作戦に際してこの白星がいちばん目立つうえ間違えようがないという理由から連合軍統一識別標識に採用されたため。後方のLST198はイギリス海軍への供与艦。上甲板にぎっしり積み込まれたソフトスキン類が見える。

▶1944年6月、フランスのノルマンディーに上陸した連合軍。海浜に乗り上げたLSTが隙間なく並んでおり、沖合にも上陸を待っている揚陸艦が見える。連合軍の物量を象徴する一葉。ドイツ空軍の空襲対策として阻塞気球を揚げ低空からの侵入を阻止しようとしている。

■ガリポリとダンケルクの戦訓

古来より、直接渡渉するなり船舶などで水面上を輸送されてきた上陸を目的とした敵を阻止するには、渡渉態勢や輸送態勢から「足が地に着いて」戦闘態勢へと移行する前に叩くのがもっとも効果的である。だが、先込め式単発銃とサーベルが武器だった頃は、船舶搭載のカッターなどを多数動員して「飽和上陸」を仕掛けることで、上陸側は多少の犠牲にさえ目をつぶれば敵前上陸を強行できた。

ところが20世紀に入り、火砲の種類の多様化と性能の向上に加えて機関銃が出現すると、防御陣地に籠って戦う防衛側に対し、曝露された海岸線で行動する上陸側は圧倒的に不利となった。そこで、接岸して上陸が始まる直前に被輸送部隊が舟艇内でまがりなりにも準戦闘態勢を整えることができ、無防備になる危険な下船を短時間で済ませられるうえ、カッターなどにはなかった防御装甲もある程度備える、敵前上陸に適した舟艇が考案された。それが、世界最初の上陸用舟艇とされるイギリスのXライターである。

第一次大戦中に建造され、ガリポリ上陸作戦に投入されたXライターは、将兵から「ビートル（カブトムシ）」の渾名で親しまれたが、普通のライターにはない装甲が施されていて「堅い」なことに加えて、上陸時に使用するランプを支えるための支柱がバウに突き出している様をカブトムシの角に見立てての命名といわれる。

だが先見の明を発揮したのは、第一次大戦後にアメリカとの開戦を意識してフィリピンなどへの侵攻も考えていた日本だった。陸軍運輸部の主導で開発され、1930年頃から生産が始まった大発動艇（略称：大発）は、世界で初めてバウにランプ・ドアを備えた上陸用舟艇となった。もっとも、当時の日本陸軍は車両類の下載時の利便性を考慮してランプ・ドアを発案したわけではなく、舟艇から降りる歩兵部隊にそのまま突進という戦闘態勢を取らせることができるからであった。

大発は秘密兵器扱いされていたが、1937年9月、アメリカ海兵隊のヴィクター・クルラック中尉が上海で行動中の大発の写真付き報告書を提出。アメリカ製上陸用舟艇にもランプ・ドアが採用されるきっかけをつくった。

第二次大戦で西方戦に敗れたBEF（イギリス海外遠征軍）が「ダイナモ」作戦でヨーロッパ本土から撤退する際、脱出地点となったダンケルクの港湾施設が狭小だったため、イギリス海軍は困難な砂浜からの乗船も併用し、苦労して撤退作業を進めた。時の同国首相ウィンストン・チャーチルは前大戦時に海軍大臣を務めており、ガリポリでの苦戦とXライター開発の背景を知る当事者だった。ダンケルクからの撤退が成功すると、彼は「潮は引いたら必ず満ちる」の信念のもと、反攻に向けて各種上陸用舟艇の開発と実用化を推進。

その結果、軽装甲が施されたLCA（Landing Craft, Assault）や、数両の戦車が積載可能なTLC（Tank Landing Craft。のちにアメリカが量産に参画しLCT（Landing Craft, Tank）へと名称変更）が戦力化された。特に小型のLCAは、輸送艦船のダビッドに懸吊して上陸部隊とともに運ばれた。だがLCTは、英仏海峡を越える程度の自航は可能ながら、中途半端なサイズのせいで航洋性に劣っていた。

そこでイギリス海軍は、十分な航洋性を備える「上陸用舟艇の親玉」の開発に着手。それがLST（Landing Ship, Tank）である。

■LSTならではの数々の特徴

1941年、世界初のLST『マラカイボ』級が誕生した。同級の前身はマラカイボ油田向けの喫水がごく浅いタンカーで、姉妹船3隻も改修された。続いて、最初からLSTとして建造された『ボクサー』級が登場したが、当時、イギリス造船業界はより優先度の高い艦艇の建造で手一杯で、同級は2隻が就役しただけだった。

そこで、1941年8月の「リビエラ」会談でイギリスとアメリカの協力体制が確立されると、同年11月、両国海軍は水陸両用戦用艦艇の共通化に合意し、その過程で前者は後者に『ボクサー』級の建造を打診。これを受けたアメリカ側もLST型揚陸艦の重要性を認識し、Atlantic TLC（Atlantic Tank Landing Craftの略）の計画を立ち上げた。

この共通化に際して、名称の統一も行われることになり、全長200フィート以下の水陸両用戦用艦艇にはLanding Craft（略称LC）、それ以上のものにはLanding Ship（略称LS）の接頭語が用いられ、末尾に用途を示す略称が添えられる命名法則が確立された。その結果、Atlantic TLCは新たにLSTと称されることになったが、「先輩」のイギリスがすでに『マラカイボ』級と『ボクサー』級を保有していたので、前者をLST、後者をLST（1）、そしてアメリカが計画中の級をLST（2）として識別することになった。

イギリスの上陸用舟艇設計者ローランド・ベーカー卿の原案を下敷きに、アメリカ海軍艦船局のジョン・ニーダーマイヤーが中心となって設計したLST（2）は、いくつもの特徴を備えていた。

ひとつめの特徴は、ブロック工法と平底の導入で生産性を高めた点だ。アメリカだ

戦車揚陸艦（LST）

けでなくイギリスが求める隻数も供給せねばならず、しかも将来的な連合軍の反攻に上陸作戦がともなわないものは皆無と予想されたため、「短期間で数が造れる」ことはLST（2）に課せられた必須条件だった。このような事情もあって、生産が容易でしかもビーチングにも最適の艦底型という判断から、平底船体が採用されたのである。

反面、上陸用舟艇に航洋性を求めた結果として誕生したLST（2）にもかかわらず、この平底のせいで外洋のうねりを受けてローリングが頻発するため乗り心地は最悪だった。ましてや車両や物資のみならず海とは無縁の陸兵も乗艦させる艦種なので、彼らの輸送中に時化にでもぶつかろうものなら艦内には地獄絵図が出現することになった。「反吐の海の掃除よりも、いっそ外の荒海に飛び込んだほうがまし」とは、荒天の度に陸兵がところ構わず吐き散らす吐瀉物の掃除に大わらわとなるLST（2）乗組員の嘆きの声である。

ふたつめの特徴は、必要に応じて艦のトリムの変更ができるように大規模なバラスト・タンクを備えていた点だ。LST（2）はビーチングを意識して最初からスターン下がりでバウが上向きのトリムで設計されていたが、艦底左右両舷に設けられたバラスト・タンクへの注・排水により、バウ・ダウン、スターン・ダウンのポジションが自由にとれるばかりか、平底船体の弱点のローリングを抑えるために航洋時には喫水を深くし、揚陸時には浅海面奥深くまで進入できるよう、逆に喫水を浅くするといった「技」が使えた。

このトリム・コントロールを使った驚くべきテクニックのひとつが、LCTの甲板発進だ。元来、LCTの航洋性欠如を補うべく開発されたLST（2）ながら、敵の弾雨に晒されながら揚陸作業を行う上陸第一波に大柄な同艦を投入すれば、格好の標的にされる。

そこでLCT（5）またはLCT（6）を1艇、上甲板中央部の右舷寄りに艦首尾線をLSTと揃えて積載。輸送エリアに到着したら右舷側バラスト・タンクに目一杯注水し、逆に左舷側は完全に排水状態にすると右舷側に約27度の傾斜が得られる。この状態でLCTをリリースし、あらかじめ甲板上に設けられているガイド上を滑らせて横ざまに入水させるのだ。

三つめの特徴は、クラム・シェル式のバウ・ドアとその内側にランプ・ドアを備えていた点だ。これがあることで、車両類は自走して搭・下載できた。アメリカ陸軍ではフォート・ノックスの機甲戦学校内にLSTのタンク・デッキの模擬室をつくり、戦車兵に搭・下載時の操縦訓練を施した。トリム・コントロールとの併用で洋上でも開くことができたため、特に太平洋島嶼部の戦いでは、上陸第一波で直接ビーチングしない代わりにそれを担うLVTやDUKWの洋上発進を行い、実質、第一波への参加と同様の業績をあげた。

反面、航行時に波を切るバウのかなりの面積が可動式のドアなので耐波性の観点から高速を出すことが難しく、LST（2）の最大速力は約11ノットにすぎない。

四つ目の特徴は煙突がない点だ。その理由は主機にディーゼル・エンジンを用いているからで、一般的な蒸気タービンなどの船舶用主機に比べてディーゼル・エンジンは単体で独立しているため、整備や換装が容易なので採用された。

■「連合軍」が生み出した傑作兵器

LST（2）は、ジープやジミー、ダコタやリバティー・シップなどとともに、連合軍の戦いを下支えした「縁の下の力持ち」兵器のひとつとして、実に1052隻が建造された。当初の発注隻数は1152隻だったが、うち100隻は1942年9月16日にキャンセルされている。これほど多数が建造されたため、細部の違いによってLST1級（390隻建造）、LST491級（50隻建造）、LST542級（612隻建造）の三つのサブタイプに分けることもある。

イギリス海軍に115隻が供与されたほか、アメリカは113隻を各種の支援艦に改造した。上陸用舟艇修理営繕艦（ARL）、航空機体修理営繕艦（ARV（A））、航空機用エンジン修理営繕艦（ARV（E））、戦闘損傷復旧艦（ARB）、PTボート母艦（AGP）、サルベージ船母艦（ARS）、洋上兵営艦（APB）、臨時傷病兵搬送救急病院艦（LST（H））、臨時特設空母（艦種記号なし）などである。

LSTの艦種記号に引っ掛けて「Large Slow Target（のろまなデカブツ標的）」「Long Slow Target（のろまな長物標的）」あるいはバウ・ドアを口に見立てた「人工鯨」「グリーンドラゴン」などの渾名で呼ばれ、八面六臂の活躍の結果生じた戦没艦は56隻。

かのチャーチルは「第二次大戦における最重要の軍艦のひとつがLSTであった」と回想している。

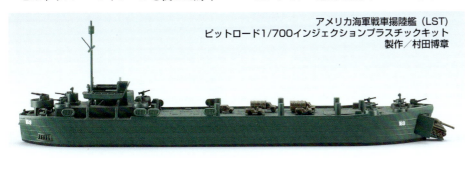

アメリカ海軍戦車揚陸艦（LST）
ピットロード1/700インジェクションプラスチックキット
製作／村田博章

◀LST-169。LST（2）型の1隻で1943年5月22日就役。イギリス海軍は揚陸作戦用の艦艇として小型の舟艇サイズのものを当初計画していた。しかし1940年のダカール作戦の失敗の結果、より大型の揚陸艦の必要性が認められ設計されたのがLSTと呼ばれる揚陸艦だった。初期の小型艦と異なりLSTには直接海岸に乗り上げ戦車を揚陸させることと外洋を航行する能力が求められた。これはアメリカ本土からイギリスを経由せず、直接フランスの上陸作戦に投入できるようにするためである。船体構造は艦尾部分に艦橋などの上部構造物、居住区、機関室が集められ、その前方すべてを車両甲板と上陸部隊の兵員室に割り当てていることが特徴となっている。戦車は船体内に20両搭載可能だった。上甲板は強度の関係で戦車の搭載はできなかったがトラックなどの軽車両や小型揚陸艇を搭載することができた。LSTの唯一の欠点は速力の遅さで艦首にバウ・ドアを設ける必要があったこと、量産性を考えてディーゼルエンジンを搭載したことで、11ノットに甘んじた。イギリスはアメリカから供給されたもの以外に自力で改設計したLSTを建造、これは機関を強化し13.5ノットが出せるようにしたがそのため工期は通常のタイプに比べて5倍程度かかり結局三分の一は建造中止となった。

87

高速、重武装、神出鬼没で日本海軍を苦しめた「海のモスキート」

PTボート
Patrol Torpedo boat

日米両海軍は広大な太平洋を舞台に戦争することを企図していたのでヨーロッパの海軍に比べて航続距離を重視していた。そのため本項で紹介するような小型艇の開発には当初、両海軍とも興味を示していなかった。そんな中、島嶼部の海戦で役立つものと認識を改めたアメリカ海軍はその工業力を活かし800隻を超える魚雷艇を量産することとなる。こうして誕生した同海軍の高速魚雷艇、PTボートはソロモン海を巡る重要な戦闘に投入され日本の補給線を断つことに貢献している

要目　PTボート（エルコ80フィートタイプ）	
基準排水量	50トン
全長	24.4m
全幅	6.3m
出力	3600hp
速力	41ノット
航続距離	240nm
兵装	53㎝魚雷発射管×4
	（のちに45㎝航空魚雷×4）
	20㎜単装機関砲×1
	12.7㎜連装機関銃×2

波静かな海原を疾走するPT141。同艇はPTボート最多の326隻が建造されたエルコ社製80フィート艇のうちの一艇で、第4魚雷艇隊に所属した。整備や補給の合理化を図るため、魚雷艇隊は同型艇で装備されるのが普通だが、第4魚雷艇隊は訓練部隊なので異なるメーカーの艇が各種配備され、保有艇数も実戦艇隊に比べて多かった。訓練部隊では、レーダーなどの電測兵器はもっと大型の練習艦で基礎訓練を行い、実艇では操艇演習が中心となるので本艇にはレーダーが装備されていない。また、魚雷2本に代えて爆雷を増備しているのは、ひとつには訓練部隊でも敵潜水艦の侵入があった場合には実戦警戒に就くからで、いまひとつは、敵の魚雷艇や駆逐艦に追撃された際、爆雷を投下し浅深度で起爆させて追撃を阻止する戦法を訓練するためである。

PTボート

■魚雷の出現が促した高速魚雷艇の登場

オーストリア・ハンガリー帝国の海軍士官ジョヴァンニ・リュピスのアイデアに基づき、イギリス人技師ロバート・ホワイトヘッドが1866年に完成させた魚雷は、世界の海軍史に一大革命をもたらす兵器となった。

火砲が登場してからの海の戦いは、その撃ち合いが主となり、当初は砲の数が多いほうが有利だったが、やがて、砲の口径が大きく、より長射程で威力のあるほうが有利という原則が成立した。だが、実体弾を撃ち出す兵器である火砲は、口径が大きくなればなるほど砲弾と砲本体が大きく重くなり、反動も強くなるので、それを搭載する艦も必然として大型化せざるを得ない。

ところが自己推進力を有する魚雷は、本体がいくら大きくても、反動を生じることなく発射できるという長所を備えていた。そのうえ、すべての水に浮かぶ乗り物にとっての弱点である、水線下に穴を穿つ

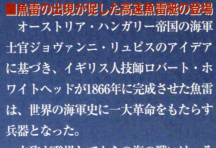

◀航続距離の短いPTボートには写真のような魚雷艇母艦の支援が欠かせなかった。写真左の大型艦は「バーネットガット」級魚雷艇母艦「オイスターベイ」。大きく見えるが実際は排水量2000トン程度しかない。「バーネットガット」級は1941〜45年に就役した小型の水上機母艦だったが、そのうち4隻は魚雷艇母艦として就役している。

ことができる画期的な兵器でもあった。

問題は、初期の魚雷は火砲よりも射程が短く、砲弾よりも速度が遅い点だった。そこで考えられたのが、魚雷を主兵装とし、敵の火砲の照準に捉えられにくいように小型高速で小回りが利く小艇である。この小艇をもって隠密裡に、あるいは強襲で敵の大型軍艦に肉薄し、魚雷でそれを攻撃しようというのだ。

高速魚雷艇（Motor Torpedo Boat）と呼ばれるようになったこの小艇は、建造費も維持コストも安く済むにもかかわらず、使いようによっては大型軍艦を撃沈可能なため、軍事費が少ない小国のみならず大国も飛び付いた。やがて第一次大戦が勃発すると、イタリア海軍の高速魚雷艇MASがオーストリア・ハンガリー海軍の戦艦2隻を撃沈。世界にその真価を示すこととなった。

ちなみに、撃沈された戦艦は「ウィーン」と「セント・イシュトヴァーン」で、前者はMAS9、後者はMAS15の戦果だが、何と艇長は同一のルイジ・リッツオ（「ウィーン」撃沈時は大尉、「セント・イシュトヴァーン」撃沈時は少佐）。1艇あたり10名ほどのそれぞれのMASの乗組員も手伝ったとはいえ、ひとりで戦艦2隻を沈めるというのは、352機撃墜のエース・パイロットであるエーリヒ・ハルトマンと同じく前人未到の大記録といえよう。

■「星条旗の高速魚雷艇」、PTボート誕生す

このような経緯もあってイギリス、イタリア、ドイツなどヨーロッパ列強の海軍は高速魚雷艇の価値を早くから認識しており、第一次大戦後の戦間期の緊縮財政下でも、魚雷艇を含む高速小艇の研究を続けていた。

一方、アメリカ海軍は、第一次大戦で高速魚雷艇の活躍の場となった地中海やアドリア海、北海といったナロウ・シーで戦ってはおらず、戦間期になると日本が仮想敵国とされたので、広大な太平洋での戦いに主眼を置くことになった。そのため、戦艦や空母、重巡洋艦のような大型艦が優先され、ヨーロッパから第一次大戦時の戦訓こそ伝えられてはいたものの、高速魚雷艇の整備は後回しにされていた。

かようなアメリカにあって、早い時期から高速魚雷艇の可能性に着目していたのは、実は海軍軍人ではなく、ひとりの陸軍軍人であった。1935年にフィリピン軍の軍事顧問として着任した、ダグラス・マッカーサー少将その人である。彼は、島嶼国家フィリピンの沿岸防衛に、高速魚雷艇が最適と判断したのだ。

1937年、母国アメリカでは高速魚雷艇の開発がさほど進捗していないことを知ったマッカーサーは、日米開戦の3年前の1939年、イギリスからソーニークロフト社製の高速魚雷艇3隻を購入してフィリピン沿岸警備軍に配備。その後、同国には開戦直前にアメリカ海軍第3魚雷艇隊が配備された。そして同隊のPTボート（Patrol Torpedo Boat。アメリカ海軍における高速魚雷艇の名称）が、緒戦における日本軍の攻勢で降伏寸前となったフィリピンから、からくもマッカーサーを脱出させたのだった。

マッカーサーのフィリピン赴任は、近々に予定されていた同国の自立に向けてのアメリカの布石であったが、彼が早くに想定した「オレンジ国との戦い」について、遅まきながら海軍もまた、太平洋島嶼部のナロウ・シーで戦いが起こる可能性が高いと判断。すでにヨーロッパにおける小艇の有用性は周知されていたので、1937年、ウィリアム・パイ少将を長とする一派が、PTボートの開発と戦力化を強く推進する論考を発表した。

小型高速艇を建造するは、三つの要点をクリアーしなければならない。ひとつは、小艇に適した軽量大出力エンジンを造れる能力、もうひとつが、やはり軽量で強靭な艇体を造れる能力、そして最後が、小型高速艇の性格からして数を揃えなければならないため、量産できる能力であった。

特に前者については、太平洋戦争勃発後、日本海軍がPTボートに対抗すべく同規模の小艇の開発を試みた際、低い工業水準のせいで軽量大出力エンジンの量産ができず、艇そのものの量産も断念せざるを得なかったという現実がある。だがアメリカは、当時の軽量大出力エンジンの代表的存在の液冷ガソリン・エンジンについて、すでに戦間期の時点で自動車用や航空用に量産していた実績があり、まったく問題とはならなかった。

かたや艇体についても、元来、マリン・スポーツが盛んなお国柄を反映してプレジャー・ボート（パワー・ボート）で培った実績に加え、第一次大戦の同盟国イギリスからの技術移植もあり、これまた問題ではなかった。

このような背景があったからこそ、1938年にはPTボートの競合試作を実施でき、その結果、ヒギンズ社案が採用された。ところがここで「後出しジャンケン」のような事態が起こる。

PTボート

名機スピットファイアの製造メーカーであるスーパーマリン社の創設者でハード・チャイン型滑走艇体のスペシャリスト、ヒューバート・スコット=ペインが、小型高速艇の本場たるイギリスで興したブリティッシュ・パワーボート社製の高速艇の実物をエルコ社が入手。そのノウハウをもって「PTボート・レース」の「もうひとりの勝者」に収まってしまったのだ。もっとも、これは先行試作艇に対する予算支出を決めるものであり、海軍の本採用というわけではなかった。

この後、アメリカ海軍は1941年7月に「プライウッド・ダービー（「ベニヤ板競争」といったような意味。PTボートの材料に因む）」と俗称された性能比較試験を開催して量産すべき艇を決定したが、結局、ヒギンズとエルコ両社の艇が選ばれ、大量生産が開始された。

■「大きな海」の「小さな働き者」

こうして、ヒギンズ社とエルコ社の艇長70〜80フィート級のPTボートが量産され、ハッチンス社の艇もわずかに建造された。これにイギリスのヴォスパー社が設計した艇の建造も行われ、第二次大戦中、アメリカは総計770隻のPTボートを建造。このうちイギリスに73隻、ソ連に166隻を供与している。

アメリカ海軍のすごいところは、イギリスの発注で建造したヴォスパー艇以外の主機をすべて、航空用のパッカード1A-2500液冷12気筒ガソリン・エンジンを舶用に改修した4M-2500で統一。標準兵装の20mmエリコンとブローニング50口径の両機銃、それに魚雷と爆雷も共通としたことだ。その結果、建造メーカーが異なっても主機のパーツは完全互換、弾薬も共通なうえ、メーカーごとにデザインこそ異なるものの、木造の艇体の破損の修理は同じベニヤ板で行えるという、きわめて高いインターオペラビリティを確立することができた。

このように、PTボートは艦艇というよりも航空機に近い感覚で運用できる要素を備えていたため、作戦海域の沿岸部に恒久的な基地が設営されるまでの間、水上機母艦やLSTを改造した、航空母艦ならぬ高速魚雷艇母艦（PTボート・テンダー）を洋上の基地として作戦を展開することもあった。

また、工場完成時の標準兵装に加えて、前線で重武装化されるケースも多かった。というのも、PTボートは設計段階から多様な兵装に対応できるよう、甲板直下の兵装取り付け用ビームに相応の強度が与えられていたからだ。そのため、20mmや50口径の機銃の増備はもちろん、ベルP39エアラコブラ戦闘機用の37mm機関砲、60mmや81mmの迫撃砲、40mmボフォース砲、37mm対戦車砲、マウストラップ対潜弾投射器、4.5インチや5インチの多連装ロケット弾発射機など、入手可能な多種多様な兵装が載せられている。

PTボートは、大型艦乗りから「プライウッド・バトルシップ」「モスキート・ボート」の蔑称で呼ばれることもしばしばだった。しかしソロモンや中部太平洋島嶼部、フィリピン諸島などでの戦いにおいて、島影に隠れて機動する日本軍の「小舟艇狩り」や、上陸作戦時の味方の舟艇の護衛に「代わるべきものなき存在」として大活躍している。

第二次大戦中に失われたアメリカ海軍のPTボートは69隻。「小さな働き者」の「彼女たち」が流した血も、決して少なくはなかった。

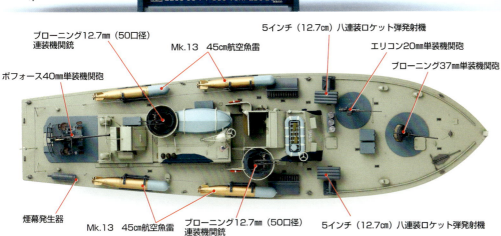

PT596 イタレリ1/35インジェクションプラスチックキット 製作／冨田博司

◀PT596。エルコ社製の80フィート級PTボート。PTボートはメーカーとサイズにより数タイプにわかれるがエルコ80フィートタイプは300隻以上建造された最多量産艇。初期のPTボートは大型の53cm（21インチ）魚雷発射管を4基搭載していたが、後期型では航空用の45cm（18インチ）魚雷をむき出しのまま搭載した。
魚雷艇の活躍といえばイタリア海軍のMASによる大型艦の撃沈が印象に残るが太平洋戦域では日本海軍の駆逐艦「照月」の撃沈が最大戦果だった。魚雷の射程が短く、その照準も難しかったため水上戦闘艦相手の戦闘は分が悪いものだった。
PTボートが真価を発揮したのは小型の舟艇狩り。ソロモン戦域では日本海軍が適当な小型砲艇を持っていなかったため無敵の存在で「蟻輸送」と呼ばれる大発による舟艇輸送作戦に大打撃を与えた。これらの戦訓から魚雷の搭載数を減らして機関砲やロケット弾を強化したタイプも見られる。
PTボートの損失で戦闘で失われたものはごくわずかしかない。大半は故障や火災、座礁などの事故による。また最前線で使われ続けたため整備も難しく航空機のような消耗品として太平洋戦争終戦後、短期間で大半の艇は姿を消している。

Uボートの猛攻から輸送船団を守った牧羊犬
フラワー級コルヴェット
Flower class Corvette

第一次大戦でドイツ海軍の潜水艦に輸送船を撃沈され苦しめられたイギリス海軍は第二次大戦においても同様の通商破壊戦が実施されると予想し、小型の護衛艦の建造を準備していた。本項で紹介するフラワー級コルヴェットは大戦前半のもっとも苦しい時代に輸送船団を守りUボートと死闘を演じることとなる

地中海船団を護衛して大西洋を南下、一路ジブラルタルへと向かう「コンパスローズ」。本艦は第二次大戦中のイギリス海軍小型水上戦闘艦には珍しく、複雑なカモフラージュではなく水平線に溶け込むためのツー・トーンの塗装を施されていた。ブリッジのレフト・ウィングの手すりに沿って立つのは本艦の副長キース・ロックハート大尉。その反対側、ライト・ウィングの信号灯にはウェルス1等信号兵が配置に就いている。艦尾ではゴードン・フェラビー中尉が指揮する爆雷班が訓練中のようだ。船団の外縁警戒中の本艦を、同じリヴァプール船団護衛戦隊に所属する僚艦「トレフォイル」の艦上からヴィンセント中尉がフィルムに収めた。なおこの航海の復路、「コンパスローズ」はUボート1隻を撃沈。艦長フォン・ヘルムート大尉以下、脱出に成功したUボート乗組員14名を捕虜にしている。

要目	フラワー級（原型）
基準排水量	980トン
全長	62.48m
全幅	10.06m
出力	2750hp
速力	16ノット
航続距離	3500nm/12ノット
兵装	42口径4インチ単装砲×1
	39口径40mm単装機関砲×1
	20mm機関砲×2〜4
	爆雷投射機×2
	爆雷投下軌条×2

フラワー級コルヴェット

■シー・レーン防衛のシープドッグ

　資源のほとんどを輸入に頼る島国イギリスは、第一次大戦中、ドイツ海軍（カイザリッヒマリーネ）によるシー・レーン攻撃に苦しめられた。そこで同海軍は、「シープドッグ」たる軍艦が「羊」たる商船の「群」を守るという発想から輸送船団方式を採用したが、肝心の「シープドッグ」の役目をはたす水上戦闘艦の不足が問題となった。

　当時、ドイツ海軍はホッホゼー・フロッテ（※）という一大水上戦闘艦隊を擁しており、イギリス海軍はこれに対抗しなければならず、船団護衛に割く軍艦の数を制限せざるを得なかったのだ。もっとも、逆にドイツ海軍もまたイギリスのグランド・フリートに対抗する必要上、船団襲撃に割ける軍艦の数は多くなかった。

　そこでドイツ海軍は、多数のUボートを「羊狩り」に投入した。水に潜る「水遁の術」を弄し、自身よりはるかに大きな艦船を撃沈可能な魚雷という「必殺技」を持つ反面、砲熕兵器が貧弱で船足が遅いUボートは、図体が大きく鈍速な商船相手の通商破壊戦に適すると判断されたからで、実際そのとおりとなった。

　一方、受けて立つイギリス海軍は、輸送船団を襲う主な敵が水上戦闘艦ではなくUボートであり、「砲熕兵器が貧弱で船足が遅い」という点に着目した。そして、爆雷投射能力と、浮上中のUボートの船殻に破孔を穿って潜航不能に追い込み、あわよくば浸水させて撃沈できる程度の威力の火砲を備えた艦艇であれば、Uボートよりも遅くない限り、船の大小に関係なく「シープドッグ」──対潜護衛艦艇──たり得ると考えた。

　こうしてイギリス海軍は、北海や北大西洋の荒海にも耐えられる遠洋トロール漁船や、極洋の苛酷きわまりない海況をしのげるキャッチャーボートなどの設計を下敷きにして、各種の対潜護衛艦艇を開発した。これら小型で民間設計がベースの艦艇なら、元来が漁業とマリン・スポーツが盛んなイギリスの各地に散在する、漁船やヨットぐらいしか手掛けられない小規模な造船所でも建造可能であり、短期間で数が揃えられるので「シープドッグ」不足が解消できる。

　この思惑は功を奏し、加えて、そのほかのさまざまな努力の甲斐もあって、イギリス海軍は祖国の「生命線」たるシー・レーンをどうにか守り抜くことができたのだった。

■キャッチャーボート「サザン・プライド」

　「歴史は繰り返す」というがまさにしかり。第二次大戦の勃発で、イギリスは再びドイツ海軍（クリークスマリーネ）のシー・レーン攻撃に脅かされることになった。ただ、以前と大きく異なっていたのは、今次大戦におけるドイツ海軍の水上戦闘艦の隻数が、前大戦時のそれに比べてはるかに少なかった点だ。これが原因で、ドイツ海軍はUボートへの依存度をいっそう高めた。

　一方、イギリスはといえば、前大戦の戦勝国ではあったが戦後の不況と緊縮財政で軍備が極端に縮小されており、シー・レーン防衛が重要なのはわかっていても、それに最低限の予算しか充てることができなかった。もっとも、これは当時のイギリスのすべての軍備に共通していえるのだが。

　しかし、かつての隆盛こそ失われたものの、「七つの大洋を支配する大海軍国」に相応しく、前大戦での経験に基づいた各種民間船舶の軍事転用計画は、戦間期を通じて着実に準備されていた。なにしろ、単なる「計画」であれば実コストはほとんどかからない。

　1930年代後半、ヨーロッパに戦雲が垂

※ホッホゼー・フロッテ＝第一次大戦におけるドイツ海軍大型水上戦闘艦隊の通称。独語の「Die Hoch See Flotte」は英文では「The High See Fleet」と表記される。High See は外洋を意味する単語のため「大海艦隊」などと訳されるケースが多い。

93

＝別表①＝【フラワー級を建造した造船所一覧】

〔イギリス〕	〔カナダ〕
アレックス・ハル社	ブラード社
アイルサ社	コリングウッド社
ブレイス社	デーヴィス社
ブラウン社	G.T.デーヴィス社
クラウン社	マリーン・インダストリーズ社
C.ハル社	ミッドランド社
CWG社	モートン社
フレーミング・アンド・ファーガソン社	セント・ジョン社
ファーガソン・ブラザーズ社	ポート・アーサー社
グランジマウス社	ジョン・ブラウン社
ハル・ラッセル社	キングストン社
ハーランド・アンド・ウォルフ社	ヴィッカース・カナダ社
イングリス社	ヴィクトリア社
ルイス社	ヴィクトリア・マシーナリー社
ロブ社	ヤーロウ社
フィリップ社	
スミス造船所	
シモンズ社	

れ込めると、イギリス海軍も急ぎ戦力の増強に着手した。海軍建艦局長スタンレー・グッドオール卿は、遠洋トロール漁船やキャッチャーボートの設計をベースにした各種対潜護衛艦艇のプランと、それぞれの第1号艦完成までの建造期間と費用を、1939年2月7日にメモランダム化してみた。

そのなかで彼が特に注目したのが、既存のキャッチャーボート「サザン・プライド」級を発展させた対潜護衛艦だった。概略は、基準排水量約700トン、1軸推進、最大速度約16ノット、経済速度の12ノットで約4000浬の航続距離を備え、第1号艦をコスト7万5000ポンドで6か月後に竣工可能というものである。

翌8日、早くもグッドオール卿はこのプランを提出していたミドルズブローのスミス造船所の代表者ウィリアム・リード氏と会見し、海軍側の要望を反映させた「サザン・プライド」級改造対潜護衛艦の設計と建造が、間違いなく実現可能であることを確認した。実は同造船所は、前大戦時にも「Zホエーラー」と称されたキャッチャーボートがベースの小型哨戒艦を建造しており、いわば「キャッチャーボートとその改造軍艦の老舗」であった。

一方、グッドオール卿のメモランダムを検討した海軍戦術部は27日、極洋での操業に耐えられるよう荒海に強く、鯨を追尾するために遠洋トロール漁船よりも速い、キャッチャーボート改造の対潜護衛艦の建造を急いでほしいという要望を提出した。

4月13日、これら一連の流れを受けて、グッドオール卿の上司で第3海軍卿兼管理監のブルース・フレーザー提督（少将）は、スミス造船所におけるキャッチャーボート改造対潜護衛艦の開発を正式に決定。24日の契約締結に続き、5月3日には性能要求仕様書が同社に公布された。その一部を以下に記す。

・最新型のタイプ123アズディックを搭載。
・遠洋用タイプ12B標準型無線通信機を搭載。
・艦尾の水中形状と舵の改良による操舵性の向上。
・主砲には第1次大戦時のスループに搭載されていた単装4インチ砲のストックを流用、搭載砲弾数は100発。ブリッジの左右両端に連装.303口径ルイス機関銃を装備。艦尾に爆雷投下軌条2基、後部両舷に爆雷投射器各1門ずつ。爆雷搭載数は40発以上。
など。

スミス造船所は、これらの要求が盛り込まれた完全な設計図を23日までに完成させるよう求められたが、海軍のニーズだけでなく社独自の改良も加える必要上、海軍側に3週間の期限延長を申し入れて認められた。

■勇敢に戦った小さな「花の戦士」たち

こうして開発と建造が始まったキャッチャーボート「サザン・プライド」級改造対潜護衛艦には、コルヴェットの艦種区分が与えられ、同型各艦に花の名前を付与することにしてフラワー級と称された。スミス造船所19番ドックで建造された第1号艦「グラジオラス」の竣工は1940年4月6日。公試の結果は上々だった。

そして、海軍省が小型対潜護衛艦艇の量産に際して考えていた通り、フラワー級の建造は、イギリス各地の小規模民間造船所で進められた。さらにカナダでも、同様の造船所多数が本級を建造している。

量産された小型艦艇にはよくあることだが、フラワー級の場合も建造途中で次々に改良や改修が加えられたため、同一バッチで造られた艦同士でも、細部が異なるのは珍しくなかった。それらは艤装や武装の違いがほとんどだったが、ときには基本設計にかかわるマストの位置や上部構造物の形状などに及ぶこともあった。特にイギリス建造艦とカナダ建造艦では設計の一部に最初から相違があったが、量産の進捗にともなって違いはさらに大きくなった。なお、改良や改修の概略については別表を参照されたい。

1943年になると、逐次施されたこれらの改良や改修の多くを採り入れた改フラワー級が設計された。ところがイギリス海軍は1943年4月、さらに高性能のキャッスル級の建造に着手したため、同級のイギリスでの建造は10隻で終了している。だが、カナダでは改フラワー級の同国版であるフラワー級IE（Increased Enduranceの略）型が42隻建造された。

このほか、イギリスとカナダでフラワー級がそれぞれ133隻と80隻、フランスでフラワー級4隻（ただし未完成状態でドイツに鹵獲され同海軍が就役させた）が建造されたので、結局、フラワー級一族は総計269隻（異説あり）が誕生したことになる。

大西洋、地中海、北極海……。

小さな船体と貧弱な武装にもかかわらず、イギリス海軍の在るところ、フラワー級コルヴェットが姿を見せない海はなかった。そして「本職」の船団護衛はもとより、掃海や救難、はては洋航型タグ

フラワー級コルヴェット

ボートの真似事までこなす多彩ぶりを発揮し、「七つの大洋を支配する大海軍国」の「縁の下の力持ち」として、小さな「花の戦士」たちは終戦の日まで勇敢に戦い続けたのだった。

■「コンパスローズ」の生と死

そんなあまたのフラワー級の中の1隻に、「コンパスローズ」があった。同級としては、ごく初期の1艦である。

一度は海軍を退役して民間船会社で働いていたが、第二次大戦の勃発にともなって現役に復帰した老練なジョージ・イーストウッド・エリクソン海軍予備少佐が、同艦の就役以来の艦長であった。

エリクソンの下の艦幹部は、途中から副長に昇格したキース・ロックハート大尉を筆頭に、熱意はあるが経験が不足している海軍義勇士官の尉官だけ。だが艦長が予備士官で艦幹部は義勇士官という組み合わせは、開戦当初の戦時急造の小型艦、なかんずくコルヴェットではごく普通であった。その意味で、同艦は初期のコルヴェットを代表するといってもよいだろう。

「コンパスローズ」はリヴァプール船団護衛戦隊に所属し、地中海船団護衛の帰路にUボート1隻を撃沈。だが援ソ船団護衛時、アイスランド沖でUボートの雷撃を受け、極寒の海に没した。

＝別表②＝【フラワー級の改良・改修の変遷】

● 1939年10月
遠洋護衛任務に就く艦では乗組員を45〜50名程度増員。

● 1940年6月
磁気感応機雷防護対策施工。爆雷10発増備。4連装50口径機関銃座Mk-Ⅲの選択搭載が始まる。

● 1940年7月
建造工程の省力化と強度向上を兼ねて舷窓の50パーセントを廃止。

● 1940年9月
船体強度増大のためキール厚を11インチから22インチに強化。

● 1940年10月
ブリッジ上部に20インチ探照灯を、また、メインマストに見張り台を設置。

● 1940年11月
曳航装備を改善。

● 1940年12月
24隻にオロフェサ掃海装備を設置。また、8隻に磁気感応機雷掃海装置を搭載。

● 1941年2月
磁気感応機雷掃海装置と音響感応機雷掃海装置を搭載した艦を本国沿岸に配備。

● 1941年6月
ヘッジホッグ搭載。3門めのエリコン20㎜機関砲搭載のため2ポンド砲を後部に移設。

● 1941年8月
洋上給油設備を強化。

● 1941年9月
左右両端にエリコン20㎜機関砲が設置された新型オープン・ブリッジを採用。タイプ271レーダーの優先的装備開始。

● 1943年1月
4インチ砲塔側面に2インチフレアロケット弾ランチャーを増設。

● 1943年3月
艦毎にエリコン20㎜機関砲2〜4門を増設。

● 1943年7月
特定の艦においてブリッジ左右両端に2ポンド砲または6ポンド砲を装備。

● 1943年8月
フォクサー音響誘導魚雷偽騙装置を緊急装備。

全乗組員88名中、生存者は艦長以下わずかに11名。コルヴェットの最期としては、悲劇的なケースのひとつといえる。だがこのような惨事は、小型艦艇全体の最期の姿としては決して珍しいものではなかった。

ホワイトエンサインを翻して威風堂々航行する艦容が伝統あるロイヤル・ネーヴィーの「陽」の姿であるなら、極寒の海にメイ・ウェストを着けたままうつ伏せで漂う重油まみれの骸は、その「陰」の姿といえよう。

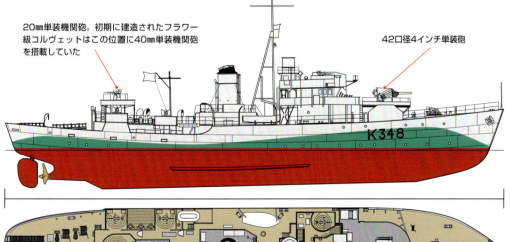

改フラワー級
1943〜44年

- 20㎜単装機関砲。初期に建造されたフラワー級コルヴェットはこの位置に40㎜単装機関砲を搭載していた
- 42口径4インチ単装砲
- 爆雷投下軌条
- 爆雷投射機（K砲）
- 20㎜単装機関砲
- ヘッジホッグ

フラワー級コルヴェットはイギリスとカナダで200隻以上が建造されており、時期によって艤装が異なる。もっとも初期のタイプは艦砲として前部に42口径4インチ砲1門、対空兵装として後部に39口径40㎜単装機関砲を1門搭載していただけで最低限の武装しかもっていなかった。主兵装は艦尾に備えられたソナー（アズディック）と爆雷であり、量産のために割り切った武装だった。
図は大戦中期に就役した「バーネット」で20㎜機関砲などの対空兵装のほか、新兵器のヘッジホッグ（多連装対潜迫撃砲）なども搭載されている。

※本項で紹介した「コンパスローズ」は小説『非情の海』（ニコラス・モンサラット／吉田 健一・訳）に想を得たもので艦名を含む戦歴はフィクションです。

エッセイとデジタル着彩でよみがえる有名艦たち

世界の銘艦ヒストリア 2
History of world famous ships 2

■スタッフ　　　STAFF

著者　　　Author
白石 光　　　Hikaru SHIRAISHI

写真彩色　　coloring
山下敦史　　　Atsushi YAMASHITA

模型製作　　Modeling
市野昭彦　　　Akihiko Ichino
遠藤貴浩　　　Takahiro ENDOU
鹿目晃一郎　　Kouichirou KANOME
川合勇一　　　Yuuichi KAWAI
真田武尊　　　Takeru SANADA
箱 二三　　　Xiang Er San
鈴木幹昌　　　Mikiyoshi SUZUKI
Takumi 明春　　TakumiAKIHARU
冨田博司　　　Hiroshi TOMITA
中村勝弘　　　Katsuhiro NAKAMURA
藤本義人　　　Yoshihito FUJIMOTO
細田勝久　　　Katsuhisa HOSODA
村田博章　　　Hiroaki MURATA
山下郁夫　　　Ikuo YAMASHITA
烈風三速　　　Reppuusansoku

編集　　　Editor
後藤恒弘　　　Tsunehiro GOTO
吉野泰貴　　　Yashutaka YOSHINO

図版　　　Illustration
吉野泰貴　　　Yashutaka YOSHINO

写真提供　　Photo
光人社
US.NAVY
NATIONAL -ARCHIVES

撮影　　　Photographer
株式会社インタニヤ　ENTANIA

協力　　　Special Thanks
小林直樹　　　Naoki KOBAYASHI

アートデレクション　　Art Director
横川 隆　　　Takashi YOKOKAWA

エッセイとデジタル着彩でよみがえる有名艦たち

世界の銘艦ヒストリア 2

白石光著

発行日　2018 年 6 月 28 日　初版第 1 刷

発行人　小川光二
発行所　株式会社 大日本絵画
〒101-0054　東京都千代田区神田錦町 1 丁目 7 番地
Tel 03-3294-7861（代表）
URL; http://www.kaiga.co.jp

編集人　市村弘
企画／編集　株式会社アートボックス
〒101-0054　東京都千代田区神田錦町 1 丁目 7 番地
錦町一丁目ビル 4 階
Tel 03-6820-7000（代表）
URL; http://www.modelkasten.com/
印刷／製本　大日本印刷株式会社

内容に関するお問い合わせ先：03（6820）7000　（株）アートボックス
販売に関するお問い合わせ先：03（3294）7861　（株）大日本絵画

Publisher/Dainippon Kaiga Co., Ltd.
Kanda Nishiki-cho 1-7, Chiyoda-ku, Tokyo 101-0054 Japan
Phone 03-3294-7861
Dainippon Kaiga URL; http://www.kaiga.co.jp
Editor/Artbox Co., Ltd.
Nishiki-cho 1-chome bldg., 4th Floor, Kanda
Nishiki-cho 1-7, Chiyoda-ku, Tokyo 101-0054 Japan
Phone 03-6820-7000
Artbox URL; http://www.modelkasten.com/

©株式会社 大日本絵画
本誌掲載の写真、図版、イラストレーションおよび記事等の無断転載を禁じます。
定価はカバーに表示してあります。
ISBN978-4-499-23240-1